浙江省海水养殖
主导品种病害图谱

许文军 谢建军 主 编
施 慧 王庚申 汪 玮 何 杰 副主编

海洋出版社
2018年 · 北京

图书在版编目(CIP)数据

浙江省海水养殖主导品种病害图谱 / 许文军, 谢建军主编.
— 北京 : 海洋出版社, 2018.6

ISBN 978-7-5210-0132-7

Ⅰ. ① 浙… Ⅱ. ① 许… ② 谢… Ⅲ. ① 海水养殖 – 动物疾病 – 图谱 Ⅳ. ① S948-64

中国版本图书馆CIP数据核字(2018)第140888号

责任编辑：苏 勤
责任印制：赵麟苏

海洋出版社 出版发行
http://www.oceanpress.com.cn
北京市海淀区大慧寺路 8 号 邮编：100081
北京朝阳印刷厂有限责任公司印刷 新华书店经销
2018 年 6 月第 1 版 2018 年 6 月北京第 1 次印刷
开本：787 mm × 1092 mm 1 / 16 印张：5.25
字数：82 千字 定价：58.00 元
发行部：010-62132549 邮购部：010-68038093 总编室：010-62114335

Foreword

前　言

近年来，浙江省海水养殖发展迅速，随着养殖规模的进一步扩大，区域性养殖密度增大和日趋严重的环境污染，加上养殖管理与技术措施滞后等诸多原因，使得养殖病害频繁发生，并有不断加重的趋势。例如，大黄鱼内脏白点病、白鳃病，三疣梭子蟹血卵涡鞭虫病，南美白对虾急性肝胰腺坏死综合症等疾病给浙江省海水养殖业造成了巨大经济损失。海水养殖动物疾病已成为制约养殖生产发展的主要瓶颈之一，解决海水动物疾病的防控问题，对保障海水养殖的可持续发展具有重要意义。

最近几年浙江省海洋水产研究所病害中心围绕浙江省海水养殖主导品种主要疾病开展了大量的调查、研究工作，基本掌握了主导养殖品种的重要病害种类与流行规律，建立了多种重大疾病的病原鉴定、诊断与防治方法，例如梭子蟹的“牛奶病”病原鉴定与防治、大黄鱼内脏白点病的综合防控等，切实为养殖户解决问题，得到养殖户的肯定。本书中大部分图片以及防治方法均源自本中心近年来的病例素材积累，对大黄鱼、鲈鱼、黑鲷、三疣梭子蟹、拟穴青蟹、南美白对虾等浙江省海水养殖主导品种的病害从病因、症状、流行情况、防控措施等几个方面图文并茂地进行总结，以便相关从业人员在海水养殖动物疾病的诊断与防治中参考借鉴。

由于不同养殖品种、不同水温、不同水质均会影响药物的防治效果，因此养殖户在借鉴参考本书的病害防控措施时务必与专业技术人员取得联系并进行预试验，做到安全、合理用药。

由于作者水平有限，不当之处在所难免，敬请读者批评指正。

编者

2018 年 6 月

Contents

目 录

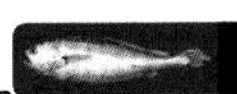

第一章 海水养殖鱼类主要疾病

第一节 细菌性疾病

1. 弧菌病

病　　因

养殖密度过高，环境条件恶化，夏季高温促使弧菌大量繁殖，多数因为鱼体表损伤后继发性感染，病原主要包括哈维氏弧菌 (*Vibrio harveyi*)、鳗弧菌 (*Vibrio anguillarum*)、溶藻弧菌 (*Vibrio alginolyticus*)、副溶血弧菌 (*Vibrio parahaemolyticus*) 等。

症　　状

发病初期，食欲减退，离群独游，体色加深，皮肤和上下颌吻端充血，鳍条缺损，鳞片脱落，随后尾鳍末端和头部以及体侧开始溃烂，严重者肌肉完全烂穿露出内脏。内脏也有明显病变，肝、脾、肾充血肿大，肠壁充血，内有黄绿色黏液，一般在体表出血后开始死亡。

流行情况

春夏秋季均可发生，7－10 月为疾病高发期，尤以台风季节和大潮汛期发病为多。一般死亡率为 20% ~ 60%，最高可达 80% 以上。是目前网箱养殖中最为常见的一类疾病，危害种类包括大黄鱼、鲈鱼、黑鲷等几乎所有海水养殖鱼类。

防控措施

控制养殖密度，合理规划网箱布局，使用无结节网衣，及时清洗网箱，保持水流通畅，加强养殖管理；抗菌药物氟苯尼考按照1‰～3‰比例拌饵进行投喂，连用3～5天，具有防治效果。商品鱼上市前注意休药期。

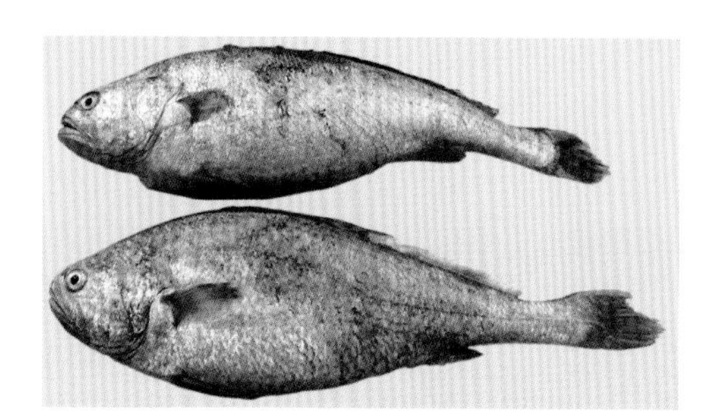

网箱养殖大黄鱼感染弧菌病，体表出血、溃烂

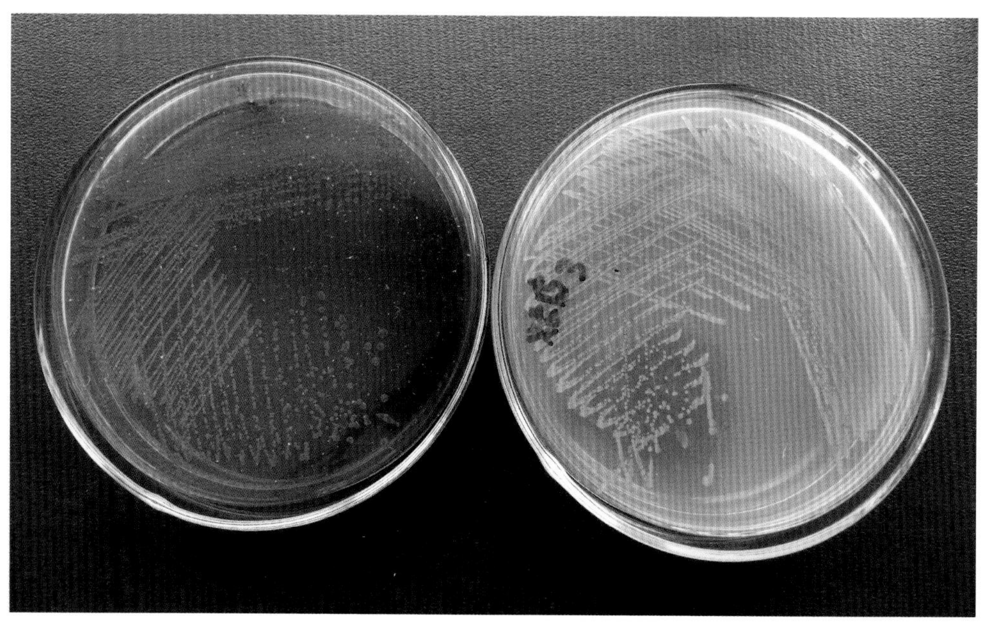

感染弧菌病的大黄鱼肝脏培养出黄色弧菌菌落

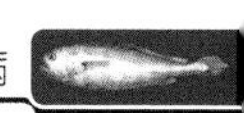

网箱养殖鲈鱼头部和尾部溃烂

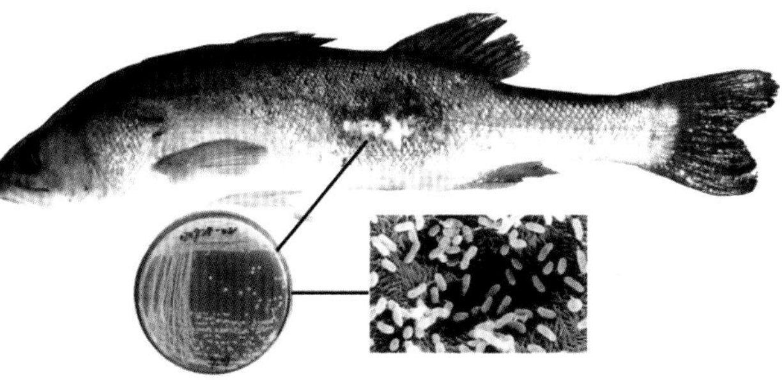

养殖鲈鱼皮肤溃疡，溃疡深层肌肉中亦可培养出黄色弧菌菌落

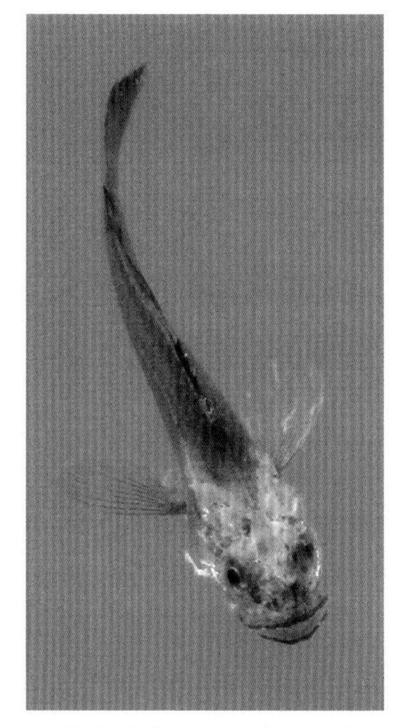

网箱养殖黄姑鱼鱼苗感染哈维氏弧菌，头部发红、溃烂

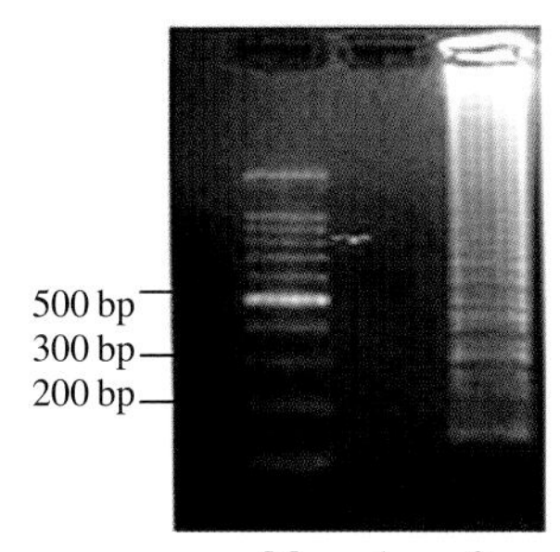

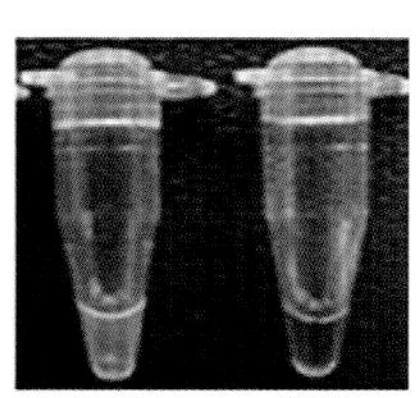

哈维氏弧菌 LAMP 快速检测
特异性电泳条带（左）和目视检测图（右）
M. 100 bp DNA Ladder，1. 阴性对照； 2. 哈维氏弧菌

2. 大黄鱼香鱼假单胞菌病（内脏白点病）

病　　因

病原为香鱼假单胞菌 (*Pseudomonas plecoglossicida*)，该菌革兰氏阴性，短杆状，具有运动性，极生鞭毛，无荚膜和芽孢。腐败变质、不新鲜的饵料可能是重要的传染源之一。

症　　状

病鱼表现为摄食减少或者不摄食，游动缓慢，体表无明显病征，解剖可见肝脏、脾脏、肾脏等处出现很多白点，白点大小 1 ～ 2 毫米。养殖户因此称之为“内脏白点病”。

流行情况

近年来此病有增多趋势，连续在舟山、宁波、台州等地监测到该病。发病一般集中在每年的 3－5 月，象山网箱养殖大黄鱼在 1－2 月也有发病记录，死亡率较高，在自然状态下死亡率可达 70% ～ 80%。

防控措施

已发现多株内脏白点病致病菌株对氟苯尼考产生耐药性，因此在使用抗生素治疗前，推荐先对致病菌株进行药敏试验分析。一般使用四环素类药物 1‰ ～ 3‰拌料，投喂 5 ～ 6 天对控制病情有一定效果。

使用抗生素投喂治疗时可辅佐添加免疫多糖及保肝护肝药物，可以一定程度提升患病鱼的免疫力。使用抗生素后的大黄鱼上市要严格遵守休药期。

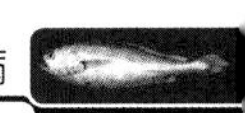

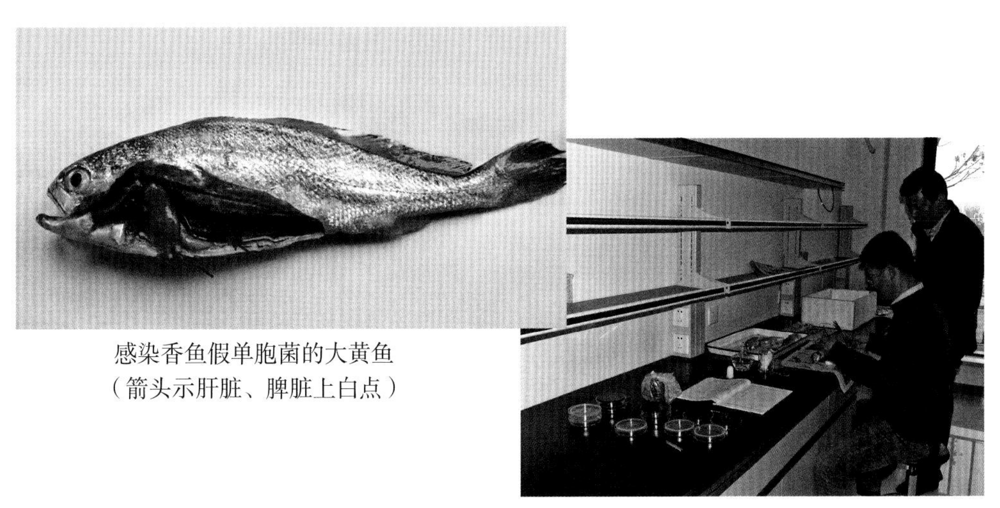

感染香鱼假单胞菌的大黄鱼
（箭头示肝脏、脾脏上白点）

实验室内进行大黄鱼疾病的解剖诊断

感染内脏白点病的大黄鱼

大黄鱼内脏白点病典型症状——脾脏生白色小点

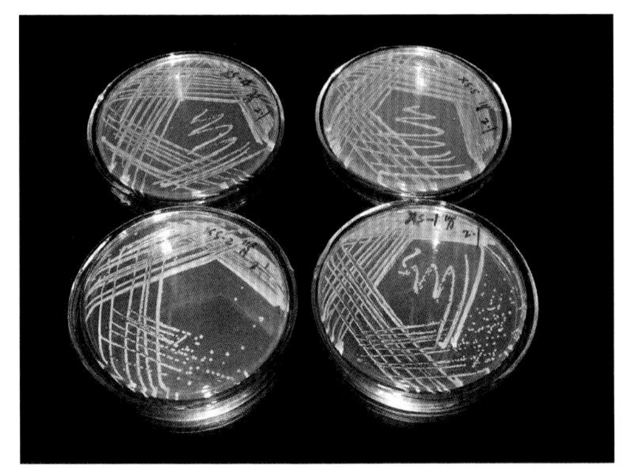

患病大黄鱼肝、脾、肾脏可培养出大量优势菌

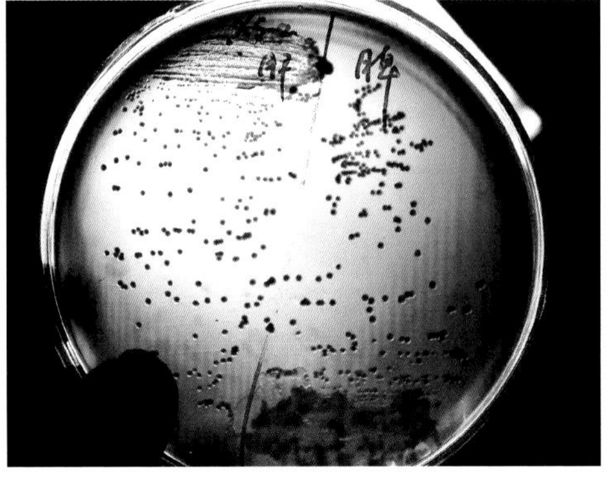

“内脏白点病”致病菌在 TCBS 培养基上
生长为绿色菌落

3. 大黄鱼诺卡氏菌病

病　因

病原为鰤鱼诺卡氏菌 (*Nocardia seriolae*)，细菌呈线性、串珠状和分枝形态。革兰氏阳性着染，抗酸染色阳性（粉红色）。菌体培养初期为无横隔的菌丝体，以后逐渐变为长杆状、短杆状和球状。该菌主要感染与血液循环有关的器官，外伤是该菌侵入鱼体的主要途径之一。

症　状

患病初期，病鱼体表无明显症状，仅反应迟钝，食欲下降，上浮水面离群独游。随着病情加重，部分鱼体表有溃烂出血等症状，并在体表、鳃和脾、肾、性腺、心脏等组织出现 1 ~ 3 毫米大小的黄白色结节，结节内含物染色后镜检可见大量短或细长杆状或分枝状菌体。

流行情况

主要发生在 9－11 月，平均死亡率达 15%，病情重的网箱养殖鱼类，死亡率可达 60% 甚至更高。研究表明发病原因与养殖密度、养殖海区的水质环境突变、鱼体免疫力下降以及饲料鲜度有较密切关系，在台风过后以及高密度养殖网箱中，发病的概率较大。

防控措施

合理控制养殖密度，减少因养殖操作而造成鱼体的摩擦损失，降低病原侵入风险；使用强力霉素或链霉素等按 1‰ ~ 3‰拌饵，配合免疫多糖、维生素等辅佐治疗，连续使用 5 ~ 6 天。

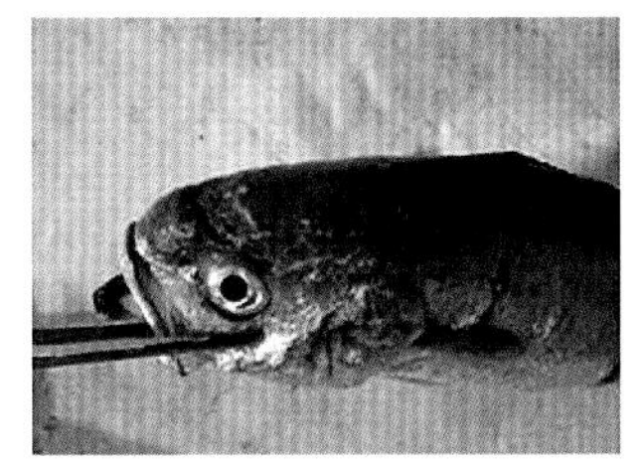

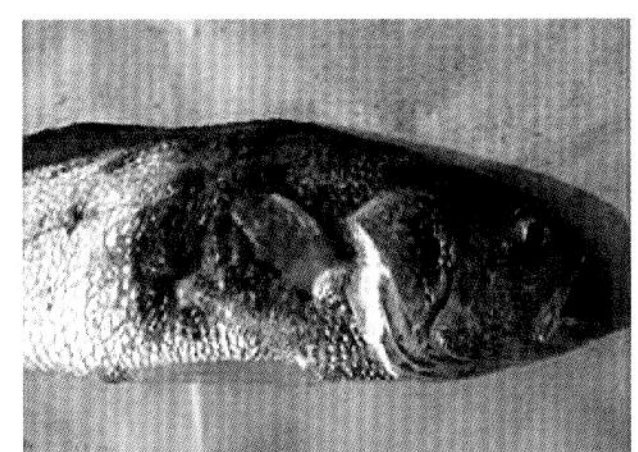

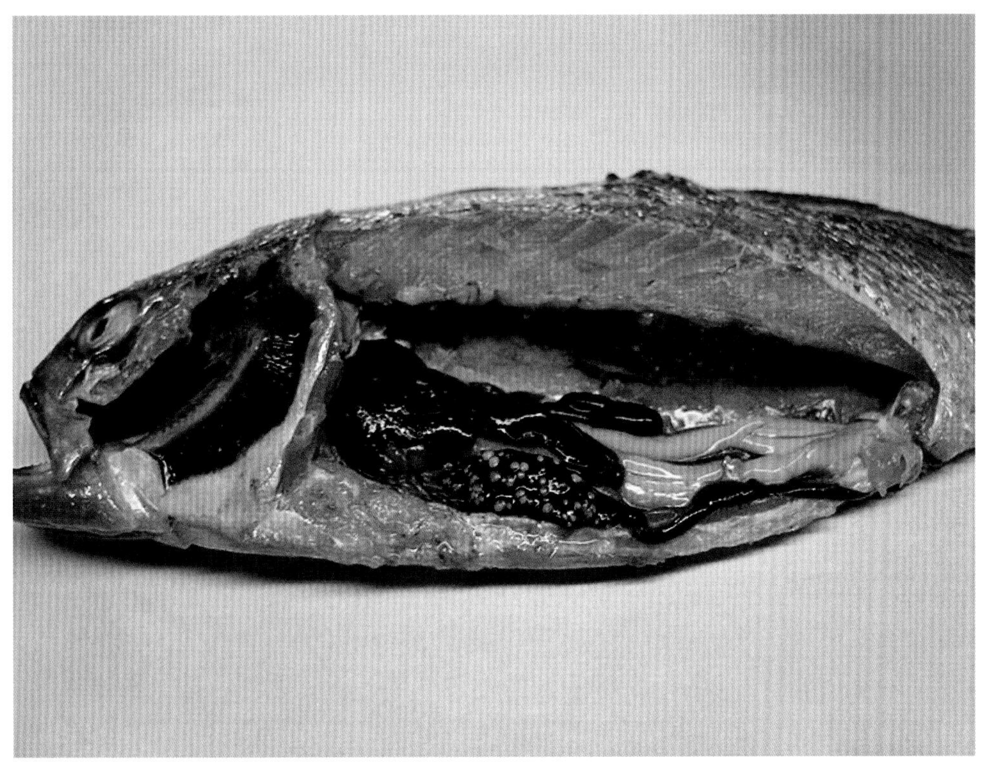

患病鱼主要表现为鳃部、内脏生长大量结节
（香鱼假单胞菌引起的白点病则很少在鳃部见到白点）

4. 大黄鱼肠炎病

病　　因

病原为产气单胞菌属 (*Aeromonas* sp.) 和弧菌属 (*Vibrio* sp.) 中的一些种类。投喂不新鲜或腐败变质的饲料，或在高温期投饵过量，易诱发此病。

症　　状

病鱼主要表现为体色发黑，离群独游，食欲下降或者停止摄食，肛门红肿；解剖可见肠壁充血发炎，肠道内无食物、有黄绿色黏液，部分有白便。

流行情况

4—9 月为流行季节，水温 25 ~ 30℃为发病高峰期，严重时死亡率可达 50% 以上。

防控措施

饲料要保证新鲜，高温季节应减少投喂量，控制在正常投喂量的 70% ~ 80%；病发高峰期可在饲料中添加有益菌（如 EM 菌或芽孢杆菌等）调节肠道菌群。疾病暴发时可在饵料中添加土霉素、维生素 C、大蒜素混合投喂，连续投喂 5 ~ 6 天。

5. 鲈鱼内脏白点病

病　　因

病原为哈维氏弧菌 (*Vibrio harveyi*)，该病原为革兰氏阴性菌，短杆状，两端钝圆，具一根极生单鞭毛，为常见海水养殖鱼类致病菌。

症　　状

发病初期病鱼体色变黑，离群独游或静止在网箱底部，食欲减退，行动迟缓，鱼体消瘦，体表无其他明显症状；解剖观察，肠壁增厚发硬，病鱼肝、脾、肾、肠内壁等内脏组织表面有许多1～2毫米的小白点。

流行情况

流行于5－6月和9－10月，主要危害网箱养殖鲈鱼，一般死亡率达到30%以上。

防控措施

以预防为主，定时投喂免疫增强剂，提高鱼体抵抗力；及时清除病鱼防止病原蔓延；按照1‰～3‰比例在饵料中添加氟苯尼考或强力霉素，连续投喂5～6天。上市前注意休药期。

网箱养殖鲈鱼患内脏白点病现场

患病鱼外观表现为鱼体消瘦，无明显异常

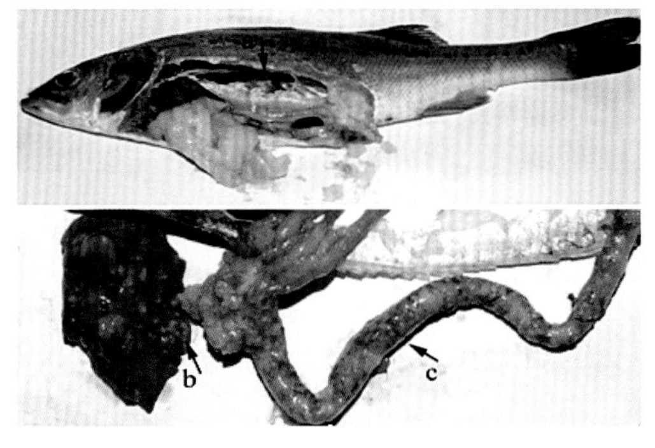

鲈鱼内脏白点病主要症状为肝脏、脾脏、肾脏生白色结节，肠道失去弹性，变硬

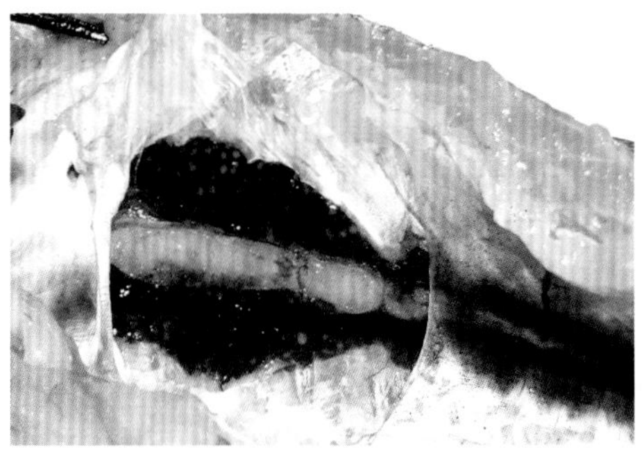

患病鲈鱼肾脏生大量白色结节

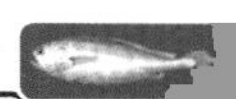

第二节 寄生虫病

1. 刺激隐核虫病

病　因

病原为刺激隐核虫 (*Cryptocaryon irritans*)，又称“海水小瓜虫”，可寄生于鱼的表皮、鳍以及鳃等处。大量寄生时，鱼的鳞片脱落，皮肤溃烂。虫体在宿主组织内不分裂，只是体积增大。在宿主体内充分生长后离开宿主，在水底形成孢囊，经 4 ～ 14 天每个孢囊可释放 100 ～ 300 个感染期幼虫。因此多数病鱼在低水平感染后数日内病情加重。

症　状

肉眼可见患病鱼皮肤、鳃、鳍条有白点，随后白点增多，体表黏液增多。显微镜检可见缓慢转动、卵圆形、不透明的虫体。发病初期，病鱼异常狂游或跳出水面；严重时，会引起呼吸困难、烂鳃、烂皮，病鱼漂浮水面，成片死亡。

流行情况

对宿主无专一性，可感染几乎所有的海水养殖鱼类，从苗种到成鱼均可发病。通常春秋水温 20 ～ 26℃是其流行发病高峰期，水交换较差的港湾更易暴发此疾病。

防控措施

该寄生虫较难治疗，一般采取预防为主，网箱养殖中注意控制放养密度，勤换网衣并保持水流通畅，定期泼洒生石灰、强氯精消毒具有一定的预防效果。

池塘养殖可泼洒硫酸铜硫酸亚铁合剂(5∶2)，每立方米水体泼洒0.7 ~ 1克，持续使用可控制病情；网箱养殖大黄鱼苗患病可将鱼苗网箱整体拖至水流交换较好的海区，对病情有一定控制作用。也可使用每立方米水体添加5 ~ 8克醋酸铜的淡水溶液浸泡病鱼3 ~ 15分钟（视不同鱼种忍受程度而有差别）。浸泡后移入2 ~ 2.5克/米^{3}盐酸奎宁水体中暂养，效果更好。

由于刺激隐核虫易产生孢囊，单靠药物较难杀灭，可在苗种期投喂免疫增强剂，增加鱼体免疫力。由于不同品种、不同水温、不同水质对药物敏感性不同，使用药物防治时要注意安全。

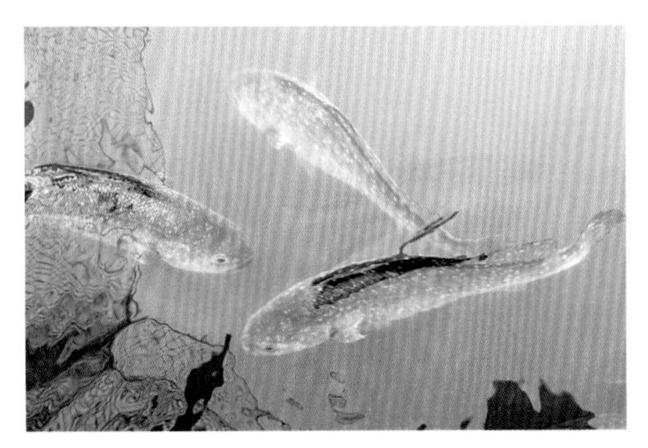

网箱养殖大黄鱼感染刺激隐核虫虫体后，体表生大量白点

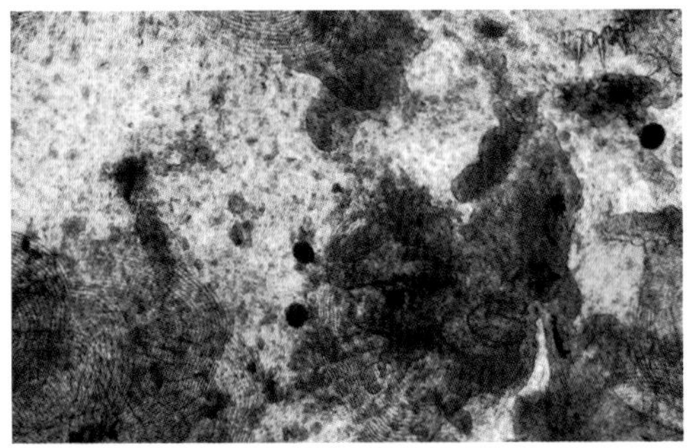

患病鱼体表黏液在显微镜下(200倍)观察可见刺激隐核虫虫体

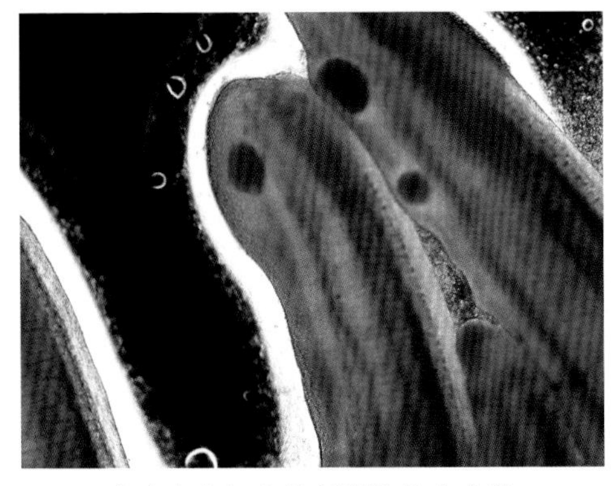

寄生在鱼鳃上的刺激隐核虫虫体

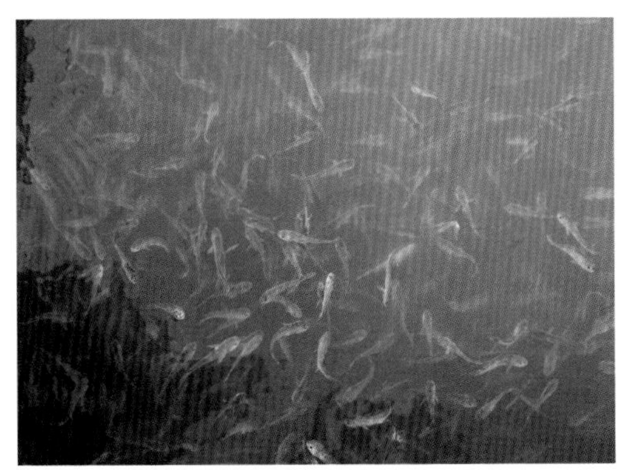

感染刺激隐核虫的大黄鱼苗种

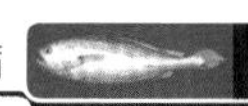

感染刺激隐核虫的大黄鱼苗种（福尔马林固定样品）
体表可见大量虫体包囊

2. 本尼登虫病

病　因

病原为本尼登虫 (*Neobenedenia melleni*)，虫体依靠后端吸盘和前端的一对吸盘吸附于鱼体表面。此虫个体较大，成虫体长 0.5 ~ 1.2 厘米，身体略透明，肉眼需仔细观察。

症　状

虫体主要寄生于鱼的体表、鳃盖、眼部、鳍条等部位。当寄生数量多时，病鱼呈现不安状态，往往在水中异常游动或在网箱及其他物体上摩擦身体。病鱼食欲减退或不摄食，鳃褪色呈贫血状，有的角膜混浊，严重者体表出现点状出血并进一步继发细菌感染形成溃疡。用淡水浸泡病鱼可见白色虫体掉落水中。

流行情况

该虫感染力强、传播快，春夏秋季均有发生，秋季 9—10 月为流行高峰，以高盐度海域受害较重。网衣附着大量附着生物，网箱水环境变差，鱼体体质下降是导致该病发生的主要原因。

防控措施

通常采用敌百虫和硫酸锌配伍挂袋同时配合投喂抗生素治疗，但是由于网箱养殖较为密集，水体中虫体较多，容易反复发作，因此该病的控制需要有针对性地延长治疗周期。

合理规划网箱布局，降低养殖密度；本尼登虫卵易附着在网衣上，需定期驱虫或更换网衣；发病时，可采用双氧水药浴及口服吡喹酮驱虫，驱虫同时更换网衣效果更佳。

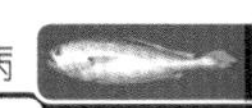

感染本尼登虫大黄鱼被淡水浸泡后，虫体发白，大量脱落

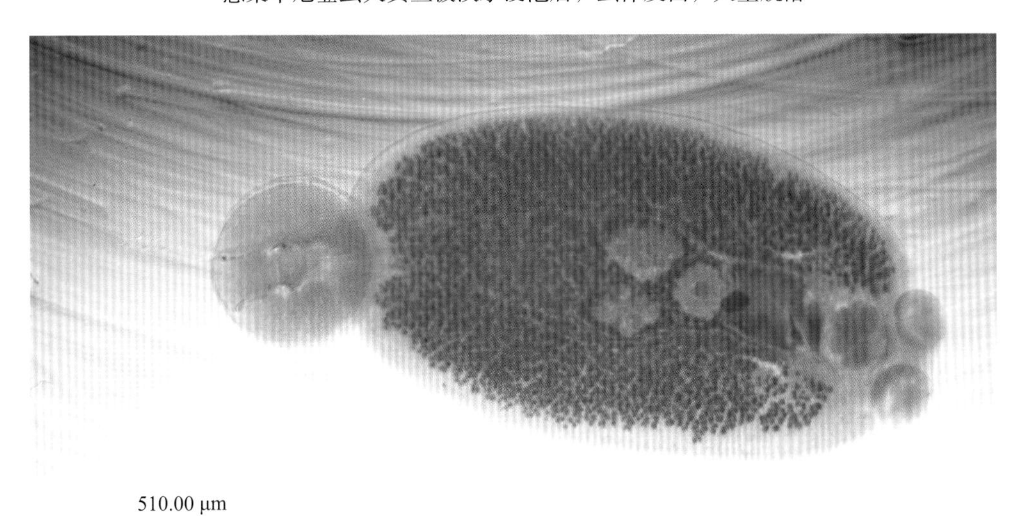

510.00 μm

本尼登虫虫体

3. 淀粉卵甲藻病

病　　因

病原为眼点淀粉卵涡鞭虫 (*Amyjoodinium ocellaturn*)。以往归于植物界的甲藻门，现多数学者将其分于原生动物门的鞭毛虫类，定名为淀粉卵涡鞭虫。

症　　状

主要寄生在鱼鳃上，其次是皮肤和鳍等处。病鱼最初的症状表现为摄食减少，游动异常，呼吸加快，鳃盖开闭不规则，鳃丝充血等。病情严重时，摄食停止，病鱼体表及鳍可见有许多小白点。从体表刮取黏液或剪取鳃丝在显微镜下可观察到大量不会运动的虫体即可确诊（大小一般为 20 ～ 150 微米，最大者达 320 微米）。

流行情况

一般流行于夏秋季节，水温 20 ～ 30℃。根据近年的监测发现，该病在海水养殖围塘及室内养殖育苗生产当中屡有发生，并呈上升趋势。感染迅速，且传播快、死亡率高。防治不及时，可引起 50% ～ 100%的死亡率。

防控措施

鱼种放养、亲鱼入池前要进行检疫，发现病原时可用淡水浸洗 2 ～ 3 分钟，病鱼要及时隔离治疗，病情严重的鱼和死鱼要立即捞出，防止病原扩散。亲鱼暂养时发生此病可用每立方米 1 克的硫酸铜、0.5 克的维生素 C 泼洒，24 小时之后换水，连续 3 ～ 4 次。育苗室内幼苗不宜使用硫酸铜，可改用每立方米水体 0.5 ～ 1 克醋酸铜，0.5 克维生素 C，如患病鱼为室内培育大规格苗种，可将病鱼移动到外网箱暂养，也有利于康复。

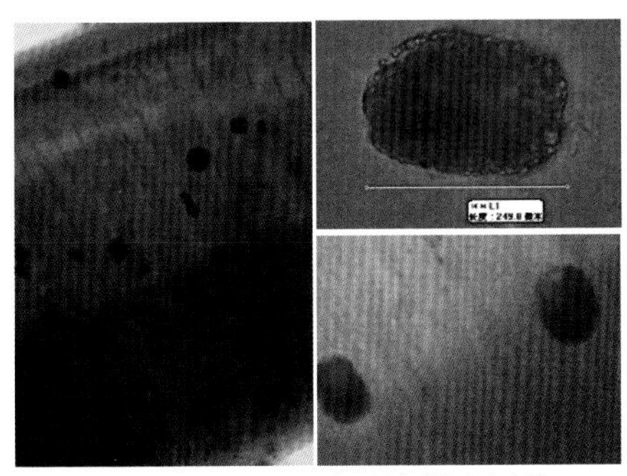

患病鱼鳃上可见大量淀粉卵甲藻

感染淀粉卵甲藻的日本黄姑鱼

感染淀粉卵甲藻的河鲀

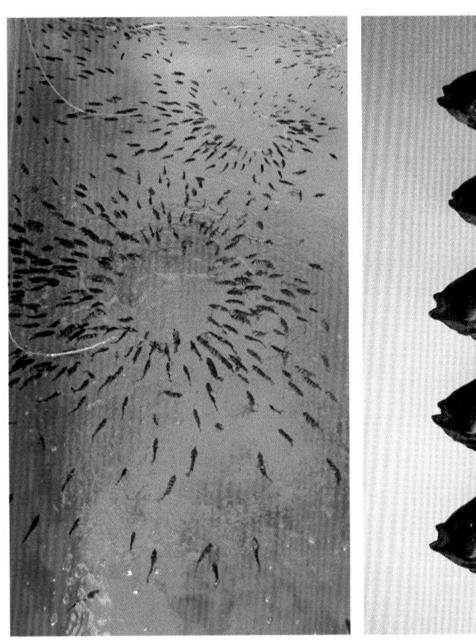

条石鲷感染淀粉卵甲藻后，因呼吸困难，围绕气石顶水游动

4. 双阴道吸虫病

病　因

病原为双阴道吸虫 (Bivaginogyrus)。该寄生虫虫体扁平，长柳叶形，大小 (3 ~ 7.9 毫米)×(0.2 ~ 0.54 毫米)。

症　状

主要寄生在鱼体鳃部，大量寄生时，鱼体贫血，鳃丝发白，肝、肾变色，体表黏液增多，鱼体离群独游，头部左右摆动，食欲锐减，最终呼吸困难而死。显微镜下观察鳃丝上寄生大量吸虫虫体即可确诊。

流行情况

主要流行于春季及秋季，2－5 月较为常见，危害当年鱼种及成鱼，鲈鱼、黑鲷为易感鱼类。

防控措施

养殖池塘中可将水体排放一部分，至平均水深 1 米左右，全池泼洒晶体敌百虫，最终浓度达每立方米 0.1 ~ 0.3 克，待涨潮时纳潮到正常水位，重复用药 2 次，基本可以治愈。如鱼体外表有损伤，配合漂白粉消毒使用。不同水温及不同鱼种大小对敌百虫耐受性不同，使用前注意在塑料桶中进行预试验。

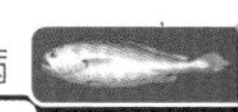

患病鱼体瘦弱，体表无明显病症，鳃部残缺，出血

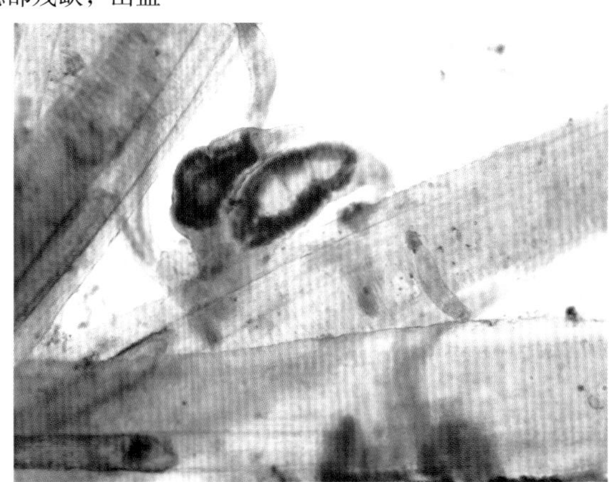

显微镜下可观察到寄生于鲈鱼鳃上的双阴道吸虫

患病鱼内脏基本正常，鳃丝因双阴道吸虫寄生损伤严重

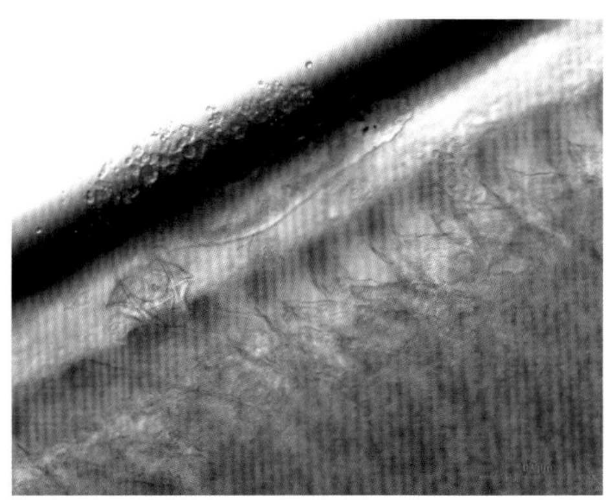

显微镜下可见双阴道吸虫的吸钩深入鲈鱼鳃组织

5. 车轮虫病

病　因

车轮虫，为车轮虫属 (*Trichodina*) 和小车轮虫属 (*Trichodinella*) 的一类纤毛虫，虫体侧面观如毡帽状，反口面观呈圆碟状，运动时如车轮旋转样。

症　状

病鱼体表及鳃部分泌大量黏液，鱼体消瘦，体色变黑，游动缓慢，呼吸困难最后死亡，显微镜下可见车轮虫即可确诊。

流行情况

车轮虫适宜水温 20 ～ 28℃，主要流行于 4－7 月，可侵害各种海水鱼类。

防控措施

海水池塘养殖鱼类可用硫酸铜硫酸亚铁（5：2）合剂，每立方米水体用 0.7 ～ 1 克，全池泼洒；网箱养殖可使用上述药物挂袋治疗，同时配合投喂抗生素，防止细菌继发感染。由于有些海水鱼（如大黄鱼）对硫酸铜较为敏感，根据不同品种、不同水温、不同水质酌情适量使用，注意安全用药。

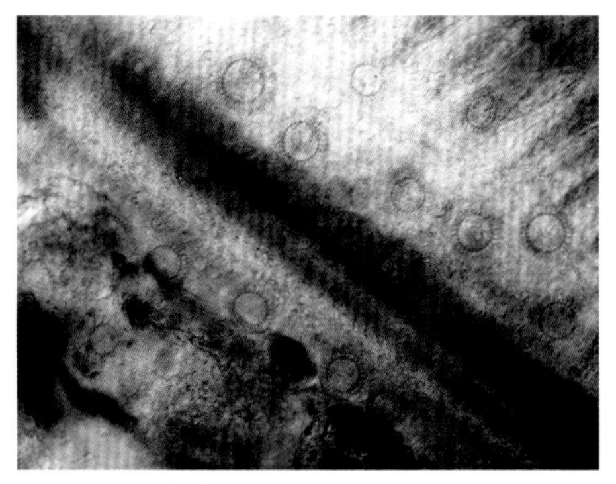

车轮虫体游离于鳃组织

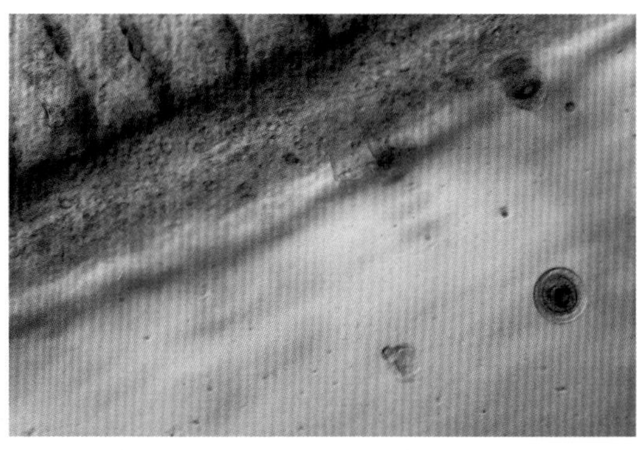

显微镜下可见患病鲈鱼鳃中寄生大量车轮虫

6. 黑鲷无胃虫病

病　　因

黑鲷无胃虫 (*Anoplodiscus spari*)，为单殖吸虫类，虫体大小 1 ～ 2 毫米，经相差显微观察可见明显内部结构：虫体呈扁平树叶状，后端有固着盘，固着盘无钩（双阴道吸虫的吸盘有 2 对钩），虫体前端有 1 对吸钩，虫体内布满虫卵。该寄生虫专性寄生黑鲷，尚未见鲈鱼、大黄鱼寄生的病例。

症　　状

体表鳞片有脱落，鱼体胸鳍、尾鳍发红，尾鳍有残缺，鳃丝充血严重，经淡水浸泡后肉眼可见大量白色点状异物，内脏器官无明显异常。显微镜下对鳃丝观察可见大量无胃虫虫体。

流行情况

全年可见，以春秋两季多发。发病鱼多为大规格鱼种。

防控措施

池塘养殖可使用每立方米水体加 0.3 克左右的敌百虫和 0.5 克硫酸锌可取得较好的效果。一般排水至平均水深 1 米左右进行全池泼洒，12 小时左右后利用涨潮时机纳潮至高水位，第二天重复使用一次，然后全池按照每立方米 0.3 克的浓度泼洒二氧化氯，基本可控制病情。鱼体大小、水温、水质的差异均会影响黑鲷对敌百虫的耐受程度，使用前注意安全。

感染黑鲷无胃虫的黑鲷，胸鳍部分严重溃烂

鳃丝上寄生大量无胃虫，肉眼可见虫体

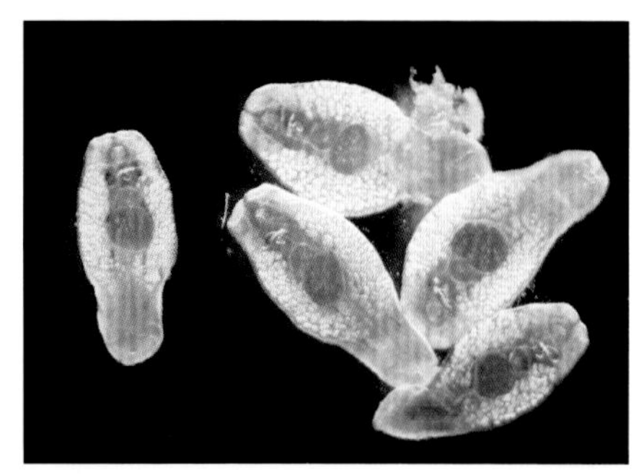

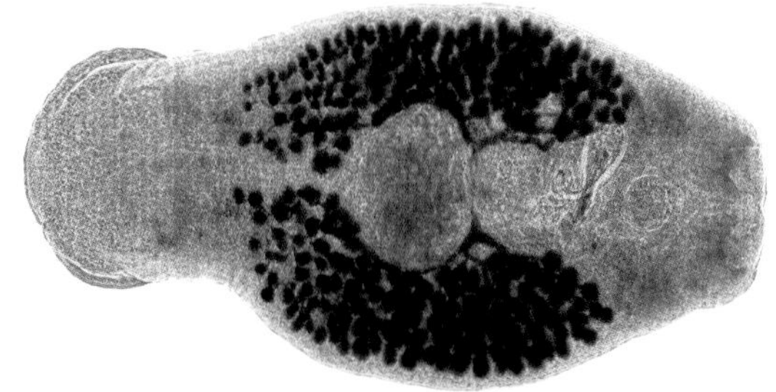

显微镜下黑鲷无胃虫

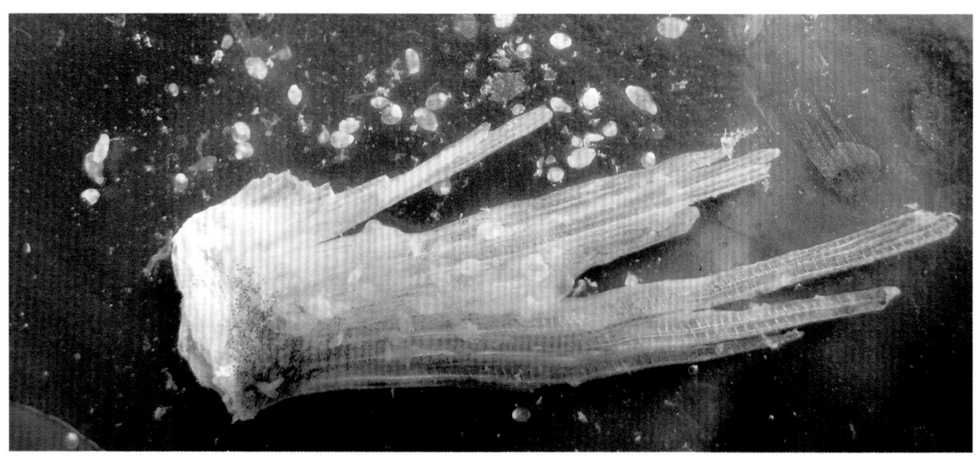

感染黑鲷无胃虫的黑鲷鳍条在淡水中浸泡后，虫体发白，可见大量虫体寄生

7. 大黄鱼类波豆虫病

病　　因

疑似类波豆虫，虫体较小，仅 2 ～ 4 微米。

症　　状

类波豆虫寄生于鱼体表，鱼体体表黏液激增，体表形成似“白云状”白色斑点，水中观察较为明显，离开水体则白点不明显。由于其引发症状与刺激隐核虫极为相似，且由于虫体微小，在显微镜下容易被漏检，导致很多养殖户认为是刺激隐核虫感染。

流行情况

目前检测到的病例，均发生在水温 20℃左右，主要危害大黄鱼。类波豆虫体在环境不利时，可产生孢囊并留在寄主皮肤黏液层或鳃瓣中，或落在池底，生存相当长的时间，借水流、工具或其他媒介物带到其他水体。一旦环境适合时，即开始繁殖，传染给其他鱼。

防控措施

鱼种放养前用每立方米水体 8 克浓度的硫酸铜浸洗 20 ～ 30 分钟；治疗时，用每立方米水体 0.7 ～ 1 克的硫酸铜和硫酸亚铁（5∶2）挂袋和泼洒。

患“类波豆虫”病的大黄鱼体表病征与刺激隐核虫类似，
形成白云状白点

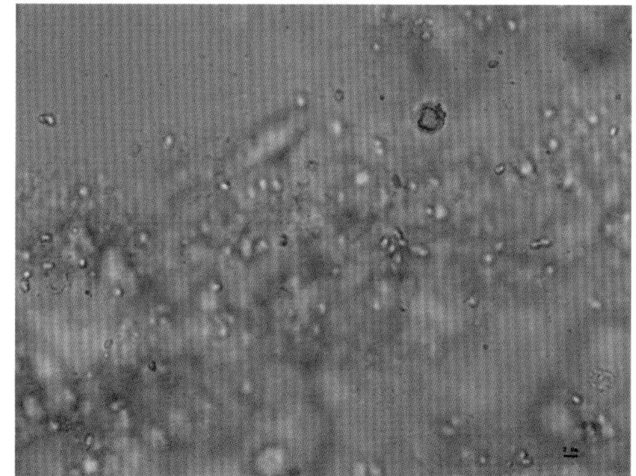

患病鱼体表黏液的显微观察，可见大量带鞭毛的虫体

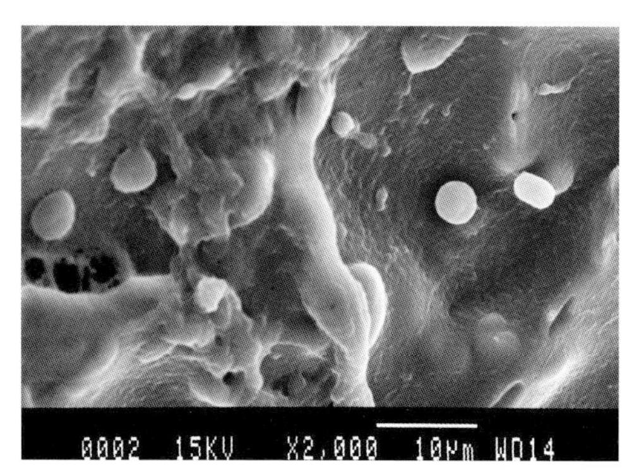

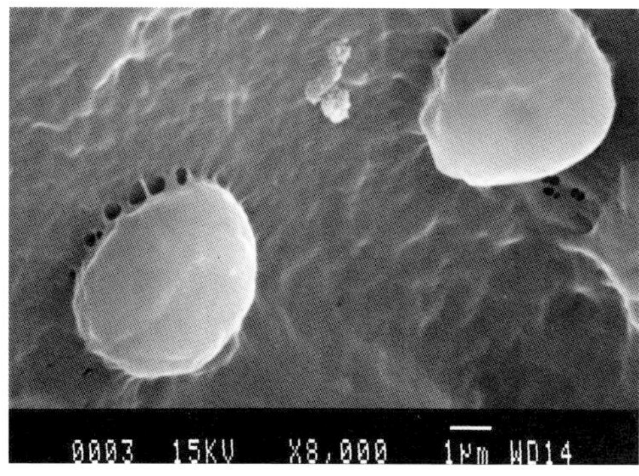

电镜下虫体图片（鞭毛缺失）

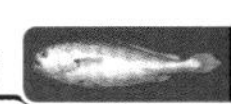

第三节 病毒病

1. 虹彩病毒病

病 因

虹彩病毒 (*Iridovirus*)，为 20 面体状、细胞质型 DNA 病毒。虹彩病毒科 (Iridoviridae) 共分为 5 个病毒属，即虹彩病毒属 (*Iridovirus*)、绿虹彩病毒属 (*Chloriridovirus*)、淋巴囊肿病毒属 (*Lymphocystivirus*)、蛙病毒属 (*Ranavirus*) 和细胞肿大病毒属 (*Megalocytivirus*)。其中，对养殖鱼类（包括海水和淡水鱼类）危害最为严重的是细胞肿大病毒属的虹彩病毒。

症 状

病鱼表现为离群浮游，行动缓慢，不摄食。解剖可见鳃颜色变浅，脾脏肿大呈球形，暗红色，胃肠无内容物，电镜下，患病鱼在脾脏细胞的细胞质可见大量虹彩病毒粒子，六角形。

流行情况

暴发流行于 7—9 月，8 月为发病高峰期，水温在 25℃左右。发病鱼大多数体长 5 ~ 15 厘米。该病可迅速蔓延，死亡率最高可达 50%。亲鱼亦可感染和携带该病毒，通过垂直或水平传播。

防控措施

无有效治疗方法，以防为主。大黄鱼苗放苗前有条件的可先进行检疫排查。降低养殖密度可有效预防该病，日常管理可在饵料中添加免疫多方等增强鱼体免疫力。另外，编者在实践中发现大黄鱼感染虹彩病毒后停食 10 ~ 15 天可有效防止爆发性死亡，经过饥饿治疗后，进入潜伏感染期，养殖成活率依然可达到 85% 以上，供养殖人员参考。

网箱养殖大规格大黄鱼苗种感染虹彩病毒

大黄鱼苗种暴发虹彩病毒

健康大黄鱼鱼苗（左）与感染虹彩病毒鱼苗（右）对比，患病鱼头部和下颌部明显发红

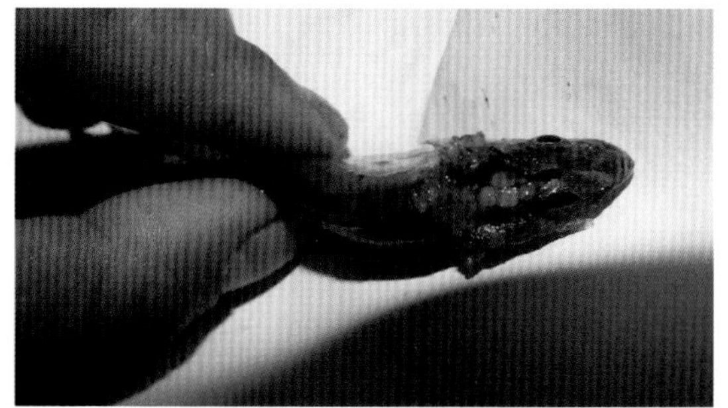

健康鲈鱼鱼苗（左）与感染虹彩病毒鲈鱼鱼苗（右）对比，患病鱼头部发红，甚至大脑亦充血发红

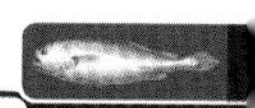

感染虹彩病毒大黄鱼呈现典型脾脏肿大症状

网箱养殖真鲷感染真鲷虹彩病毒后体色发黑

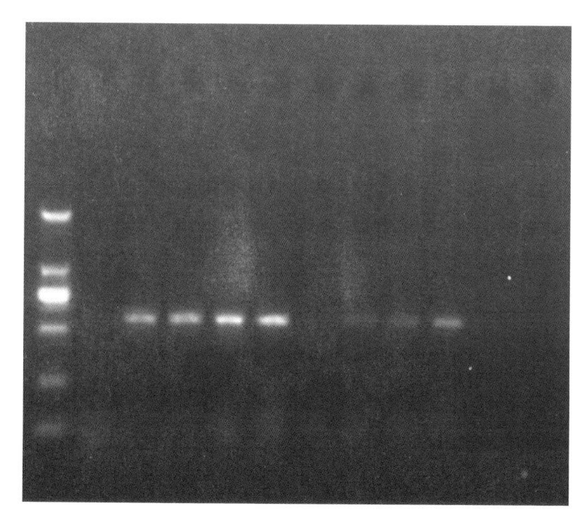

虹彩病毒检测电泳图：采用 OIE（世界动物卫生组织）推荐的虹彩病毒 PCR 扩增引物检测病鱼的脾脏、肾脏均得到 568 bp 的特征性条带，提示虹彩病毒感染

2. 淋巴囊肿病

病　　因

淋巴囊肿病毒 (*Lymphocystivirus*)，属于虹彩病毒科，淋巴囊肿病毒属。病毒形态呈二十面体对称，直径 130 ~ 330 纳米，外有囊膜，属于 DNA 病毒。

症　　状

在鱼体两侧、吻部、背鳍和尾鳍上散布着许多单个疣状物。疣状物大多呈白色，中间夹有血丝；有些由于溃烂充血而呈现红色。如挤擦，疣状物能脱离鱼体，并出血。

流行情况

发病季节在 6—8 月，1 龄鱼苗发病率在 70%，死亡率在 30% 左右。

防控措施

目前尚无针对性的药物治疗方法。采用高锰酸钾或聚维酮碘浸泡，口服抗病毒中药有一定的预防效果。早期发现彻底剔除病鱼、死鱼，防止相互感染。采取控料、饥饿疗法能一定程度地缓解症状。另外还可用防治细菌病的方法作辅助治疗。

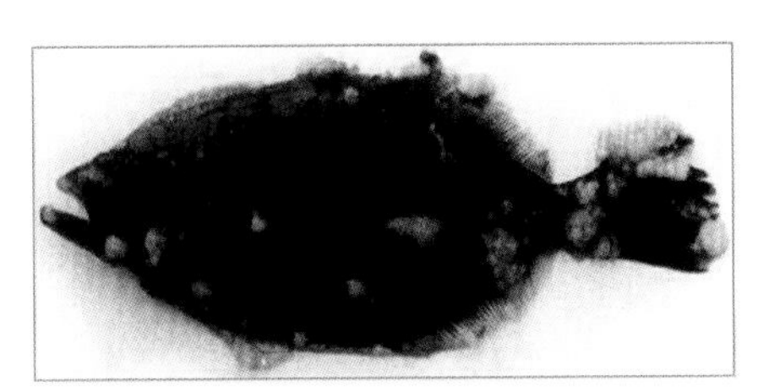
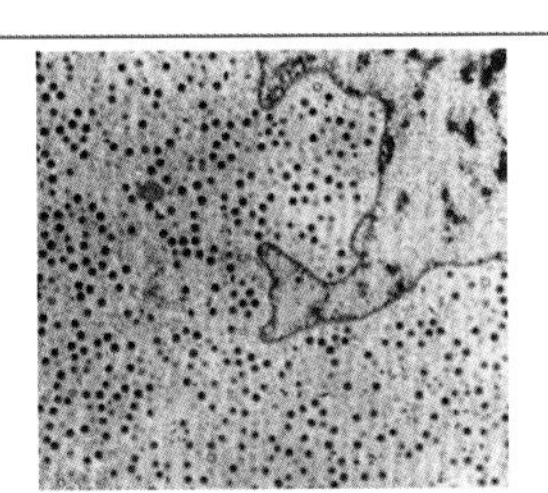
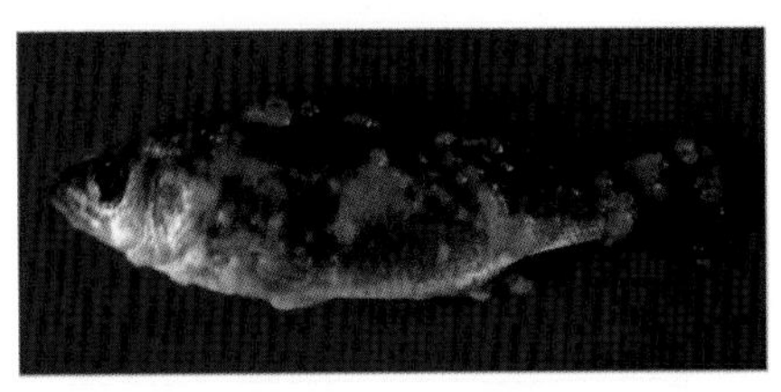
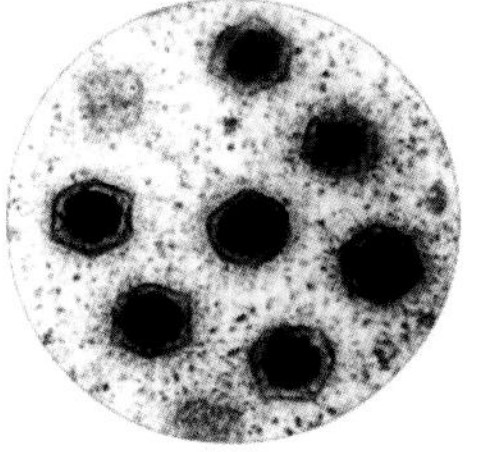

牙鲆及鲈鱼感染淋巴囊肿病毒（牙鲆及电镜照片引自王印庚等）

3. 大黄鱼白鳃病

病　因

病因还未确定，患病鱼没有分离到寄生虫和致病菌，电镜切片观察到大量无囊膜、直径 45 ~ 50 纳米的病毒粒子，病鱼虹彩病毒 PCR 检测为阴性，病原有待进一步研究。

症　状

病鱼体色发白，鳍条淡黄， 鳃丝明显发白；解剖可见腹腔内有黄色液体流出，肝脏白色或黄色、易碎，肾脏贫血，脾肿大，肠道内无食物。体内血液很少，呈严重贫血状。

流行情况

大黄鱼白鳃病是近年来在大黄鱼养殖过程中出现的一种新的疾病，发生于每年的 7—9 月，病鱼规格在 150 ~ 300 克。浙江省海水养殖自 2010 年开始出现该病，已连续在台州、宁波、舟山等地的海水网箱养殖大黄鱼中监测到该病。

防控措施

现在对该病尚无有效的治疗措施。日常管理可在饵料中添加免疫多糖等增强鱼体免疫力。

健康大黄鱼（左）、患病大黄鱼（右）鳃部对比

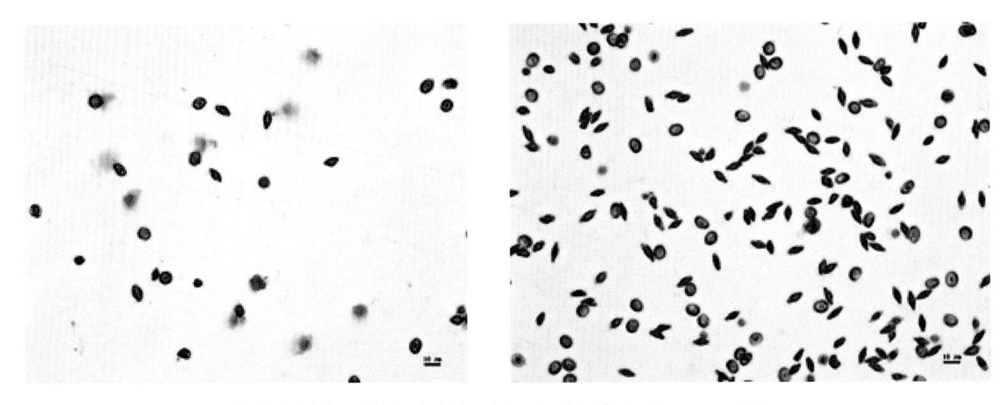

患病大黄鱼（左）与健康大黄鱼（右）血细胞涂片对比

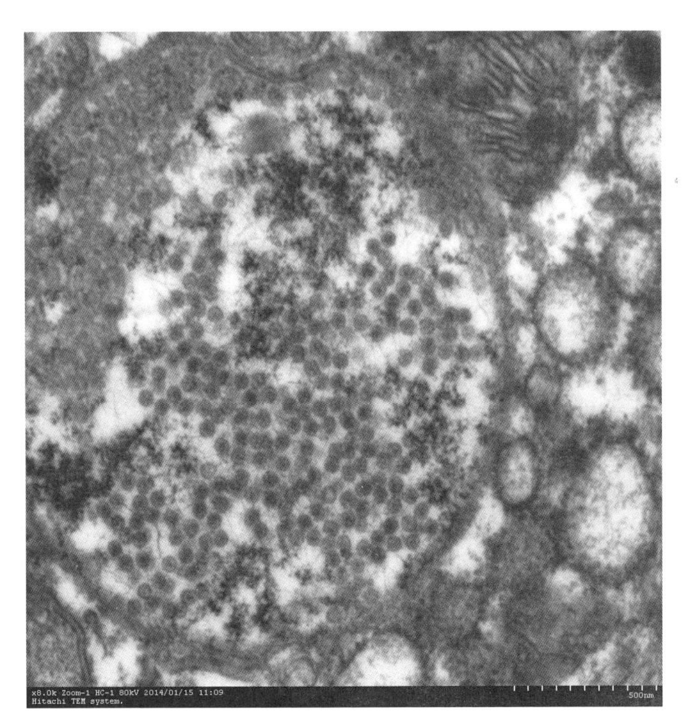

大黄鱼肝脏组织电镜照片可见大量病毒颗粒

第二章 海水养殖蟹类主要疾病

第一节 寄生类疾病

1. 血卵涡鞭虫病

病 因

血卵涡鞭虫 (*Hematodinium* sp.)，为原生动物类寄生虫。虫体圆形或卵圆形，类似于血细胞，大小 5 ～ 10 微米不等。该虫体在寄主体内具有多种生活史，目前已知的有：营养体、多核原生质体以及带鞭毛的孢子体等。其中带两根鞭毛的孢子体可以在水中自由游动，此阶段的虫体具有较强的感染性。

症 状

主要寄生于宿主血淋巴液中。大量寄生可导致血细胞急剧下降，体腔血淋巴液由正常的蓝青色变为乳白色(三疣梭子蟹)或淡黄色(青蟹)，无法正常凝固。因此，该病又被称为“牛奶病”或“黄水病”。

流行情况

多发生于 6—11 月，以 9—10 月为发病高峰，流行与养殖环境存在较大关系，围塘老化、养殖密度高、水交换条件差的池塘容易发病，尤其是在台风、暴雨等环境突变导致养殖水体盐度、pH、水温异常变化，该病易暴发。目前已知该寄生虫可感染三疣梭子蟹、拟穴青蟹、脊尾白虾等蟹、虾类。

防控措施

该寄生虫主要寄生于宿主血淋巴及各主要脏器，一旦侵入，很难通过药物进行有效治疗，但可以通过切断其传播途径进行防控。防治方法：①每次进水后使用二氧化氯（每立方米水体0.2克）或三氯异氰尿酸（每立方米水体0.3克）等高效消毒剂交替使用。②流行季节每次进水后泼洒纤虫清（有效成分硫酸锌）等药物，浓度为每立方米水体0.2～0.3克。③发病后及时捞出死亡蟹，并焚毁或者深埋，禁止随意丢弃在塘边，以免造成周围围塘的感染。

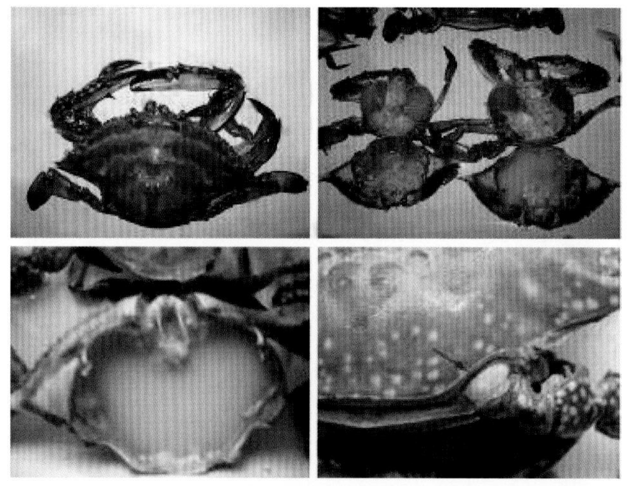

感染血卵涡鞭虫的三疣梭子蟹典型症状，血淋巴液由正常的蓝青色变白浊牛奶状，游泳足基部发白

感染血卵涡鞭虫后，养殖梭子蟹大量死亡

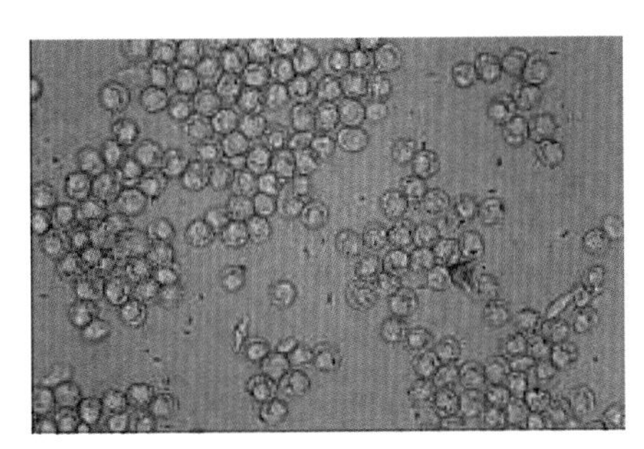

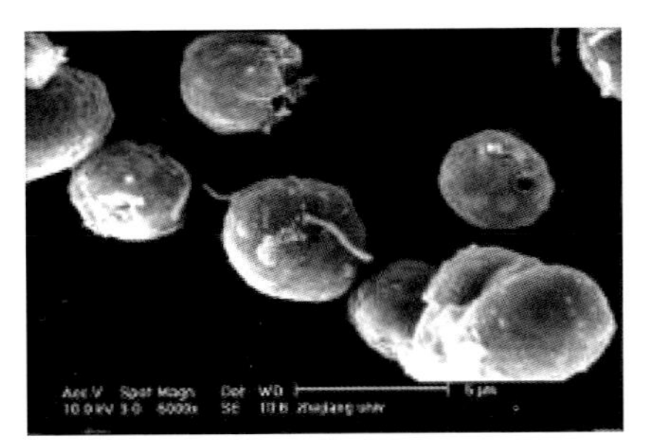

患病三疣梭子蟹体内血淋巴液中寄生大量虫体，扫描电镜中的血卵涡鞭虫
（带两根鞭毛）

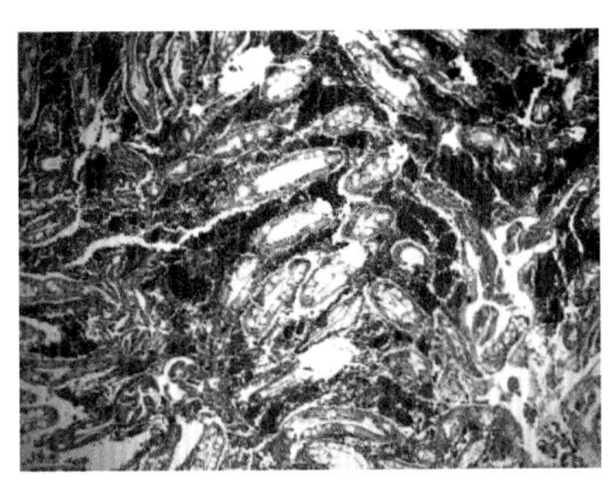

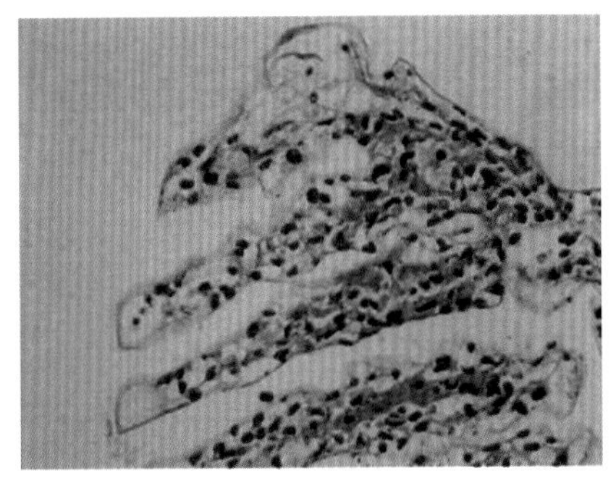

三疣梭子蟹肝胰腺与鳃的病理切片，均可见染成深蓝色的血卵涡鞭虫虫体

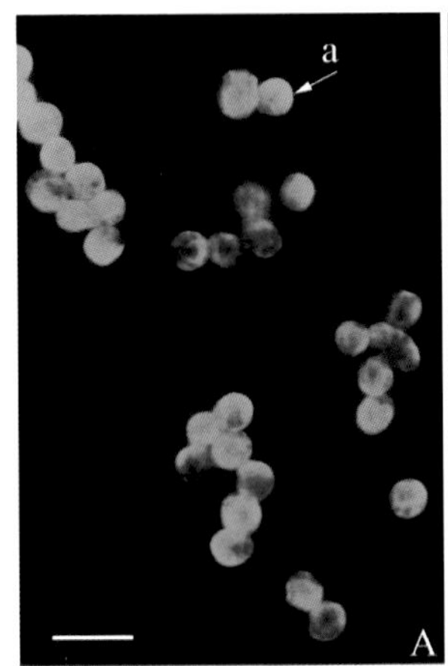

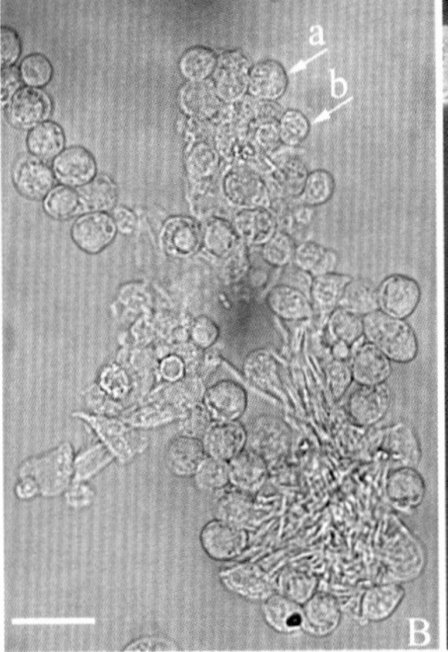

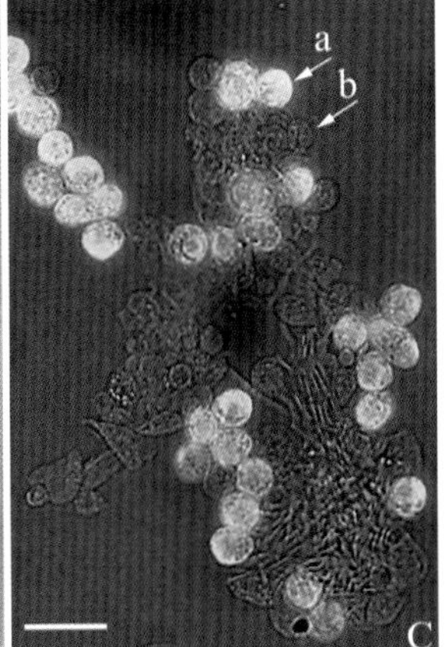

间接荧光抗体方法检测梭子蟹血淋巴液中血卵涡鞭虫
（染成黄绿色，未染色的为正常梭子蟹血细胞）

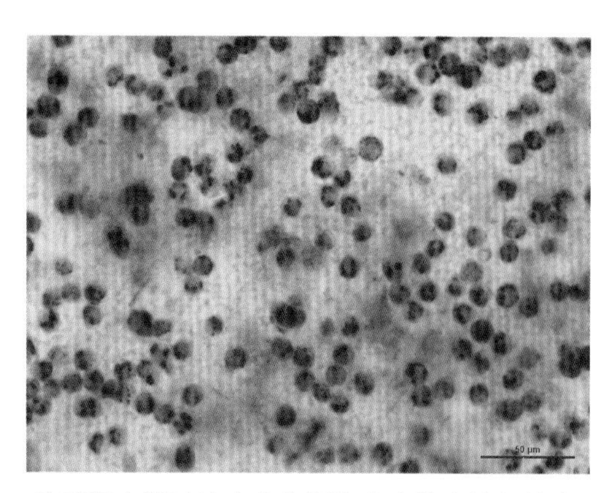

梭子蟹血淋巴液中血卵涡鞭虫虫体中性红染色

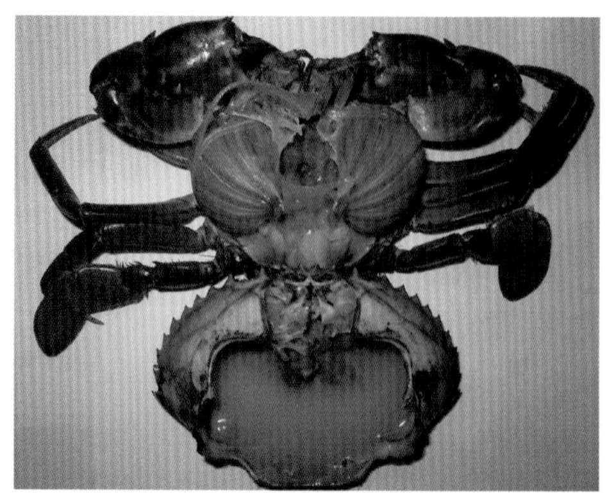

感染血卵涡鞭虫的青蟹典型症状，血淋巴液由正常蓝青色变浊黄色

感染血卵涡鞭虫的脊尾白虾（左）与健康脊尾白虾（右）对比

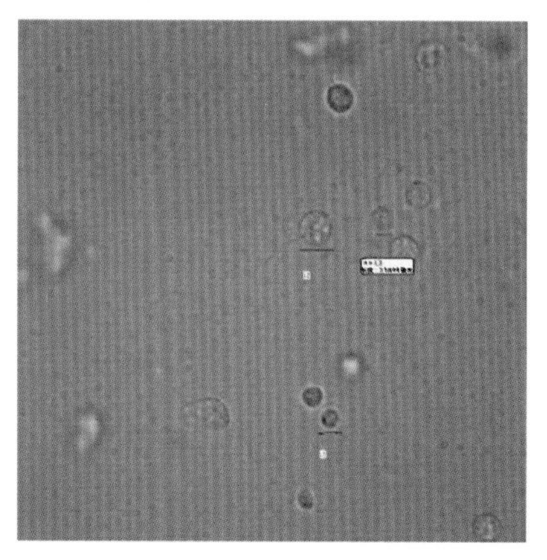

血卵涡鞭虫在脊尾白虾体内发育形成具备游泳能力的腰鞭孢子，并大量释放于水体，使得水体呈白浊状

2. 固着类纤毛虫病

病　因

聚缩虫、钟形虫、单缩虫、累枝虫等固着类纤毛虫。

症　状

感染该疾病的梭子蟹体表（步足、游泳足、背腹面等）肉眼可见灰白色絮状物，手触摸有滑腻感，严重感染时鳃部变黑、呼吸困难、影响脱壳。显微镜下取絮状物观察，可见聚缩虫、钟形虫、单缩虫、累枝虫等纤毛虫中的一种或多种虫体。

流行情况

常见于梭子蟹育苗及养成期。病情较轻时不会造成较大危害，但大量寄生时，可引起鳃部堵塞，甚至出现细菌继发性感染，造成较高死亡率。放养密度过大，残饵过多，养殖塘水质极度富营养化，是导致该病发生的主要原因。

防控措施

预防：放养前彻底清淤消毒，保持良好的水质和合理的放养密度，减少残饵。治疗：①全池泼洒纤虫净（有效成分硫酸锌）1 次，每立方米水体 0.75 ~ 1 克用量，同时可用蜕皮素拌饵投喂，促进蟹蜕壳。②使用高碘酸钠（按照成品说明书的用量）与硫酸锌配合全池泼洒使用。③全池泼洒茶籽饼，每立方米 10 克用量，同时开增氧机或向池中投放增氧剂，刺激蟹蜕壳，然后大换水。对于混养有贝类的养殖池塘，慎重使用硫酸锌、硫酸铜类药物。

梭子蟹体表感染纤毛虫

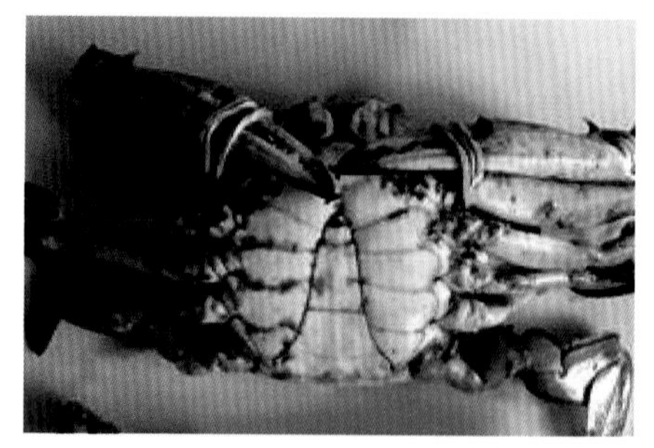

患纤毛虫病的梭子蟹腹部粘着脏物

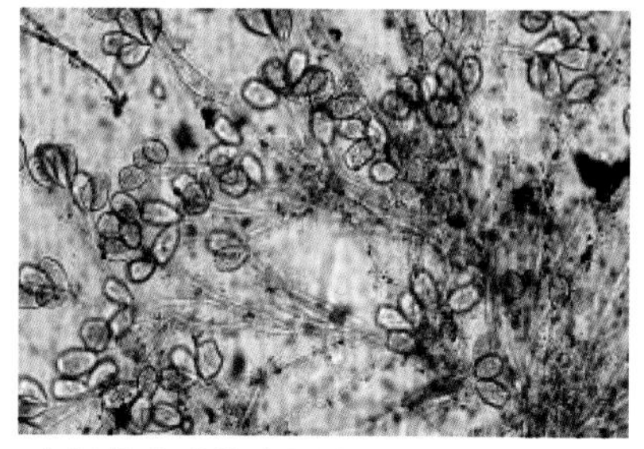

病蟹体表脏物水浸片显微观察可见大量聚缩虫

健康梭子蟹苗（左）与严重感染纤毛虫的梭子蟹苗（右）

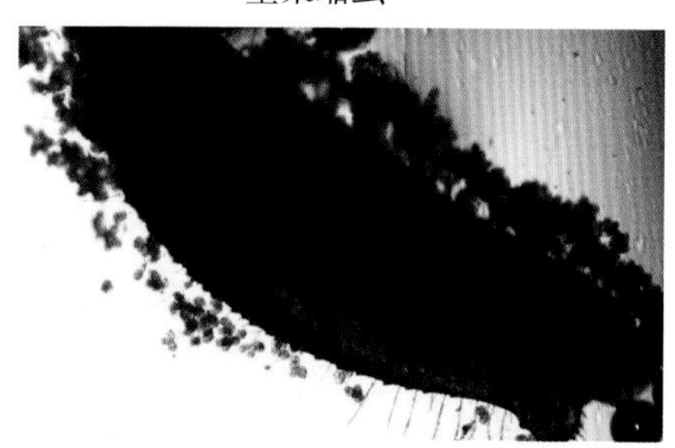

严重感染纤毛虫的蟹苗的螯足

轻微感染纤毛虫的蟹苗的步足

感染纤毛虫的梭子蟹体表粘脏、鳃丝发黑

3. 微孢子虫病

病　　因

微孢子虫 (Microsporidium)。虫体较小，仅 2 ~ 10 微米，危害蟹类的孢子虫主要为微粒虫，包括米卡微粒虫、蓝蟹微粒虫、普尔微粒虫、微粒子虫新种及卡告匹里虫等。

症　　状

感染蟹游泳迟缓，对外界刺激不敏感，肌肉变成浊白色，或局部变粉红色。血淋巴由正常蓝青色变为浑浊乳白色，凝固性差。病理切片可发现蟹肌纤维中寄生有大量孢子虫虫体。取感染蟹肌肉压片，可在显微镜下观察到不能运动的孢子虫虫体。

流行情况

该类寄生虫危害蓝蟹、梭子蟹、拟穴青蟹等经济蟹类。在夏、秋季危害养殖或野生梭子蟹，严重时能引起大量死亡。

防控措施

目前尚无有效治疗方法。如发现感染死亡个体须及时捞出焚毁或深埋于远离养殖塘和有水体的地方，防止死蟹腐败后的微孢子虫孢子散落在水中扩大传播或被健康的梭子蟹直接吞食。养蟹池在放养前应彻底清淤，并用含氯消毒剂或生石灰彻底消毒，对有发病史的池塘更应严格消毒。

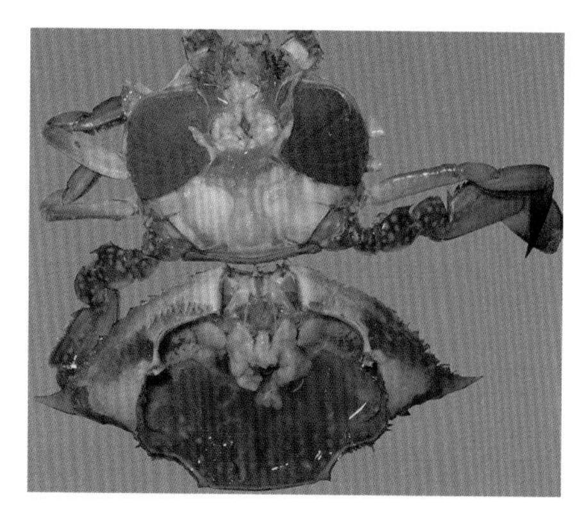

感染微孢子虫的三疣梭子蟹

梭子蟹感染微孢子虫后肌肉发白（左边为健康蟹，右边为患病蟹）

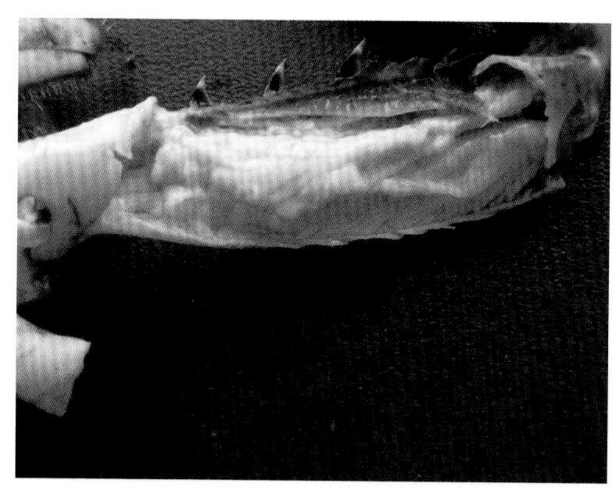

个别梭子蟹感染微孢子虫后肌肉变粉红色

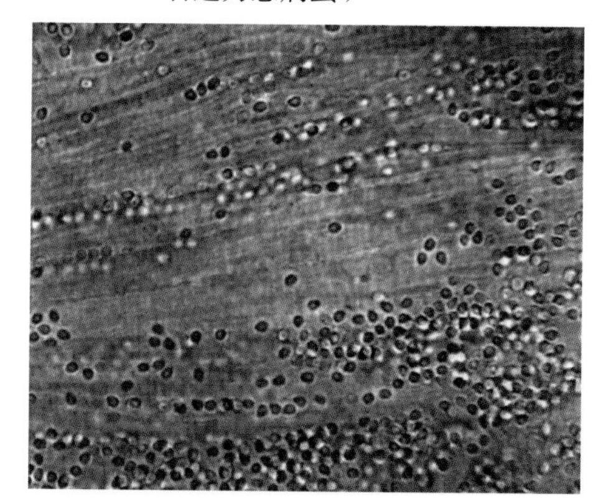

感染蟹肌肉水浸片显微观察可见大量微孢子虫寄生

第二节 细菌性疾病

1. 弧菌病

病　因

弧菌属 (*Vibrio*) 细菌。目前已报道可感染三疣梭子蟹的弧菌有：溶藻弧菌 (Vibrio alginolyticus)、副溶血弧菌 (*Vibrio parahaemolyticus*)、鳗弧菌 (*Vibrio anguillarum*) 等，多为继发性感染。

症　状

病蟹身体消瘦，行动迟缓、活力减弱、食欲减少或不摄食；溞状幼体、大眼幼体及幼蟹感染后趋光性差；有病蟹伴有自切大螯和步足现象；严重者在池边静止不动，呈昏迷状态，病情继续发展，则完全失去活动能力，进而死亡。被感染的病蟹多数外表无明显症状，解剖症状为血淋巴不凝固或凝固极缓慢，肌肉浑浊，或呈白浊颜色。从病蟹组织中可分离培养出弧菌。

流行情况

细菌性疾病是近年来造成养殖梭子蟹死亡率较高的主要病因之一，在梭子蟹育苗期和养成期均有发现。该病在高温闷热天气及温度急剧变化时容易暴发，可引起较高的死亡率。水温较低时，发病较少。

防控措施

预防：育苗用水经过严格消毒；捕捉亲蟹时严防损伤；育苗用池和工具须经过漂白粉或高锰酸钾消毒。治疗：① 全池泼洒溴氯海因，用量为每立方米水体 0.4 毫升，1 天一次，连用 2 天。② 全池泼洒复合碘溶液，用量为每立方米水体 0.1 ～ 0.12 毫升，1 天一次，连用 2 天。

2. 甲壳溃疡病

病　　因

可分解几丁质的细菌。

症　　状

主要发生于梭子蟹养成期。被感染的蟹甲壳上有数目不等的黑褐色溃疡性斑点，在蟹的腹部较多。早期症状为一些褐色斑点，斑点中心稍下凹，呈微红褐色；晚期溃疡斑点扩大，边缘变黑。溃疡面一般不会深入甲壳下组织，待蟹蜕壳后可消除，但往往因继发感染细菌和真菌病而引起死亡。

流行情况

该病主要在成蟹养殖后期及越冬期，特别是池塘底质发黑、淤泥较多的情况下易发生此病。

防控措施

该病主要以预防为主。预防：① 在蟹的运输、养殖过程中操作要细致，尽量避免损伤。② 养殖过程中保持水质清新，养殖密度保持适中。③ 发现病蟹及时清除。治疗：全池泼洒漂白粉，用量为每立方米水体 1 ～ 2 克，每隔 1 周使用 1 次，同时内服氟苯尼考药饵，每千克饲料添加 1 ～ 2 克，连续使用 3 ～ 5 天。

患甲壳溃疡病的三疣梭子蟹底板出现溃疡斑

3. 梭子蟹红斑病

病　因

一种新型弧菌。

症　状

感染的梭子蟹体表出现大小不一的红色斑点，摄食情况差，血淋巴量较少，较难凝固。可在短时间内造成蟹类的大规模死亡。

流行情况

通常发生在6－7月，连续阴雨过后容易暴发。发病个体的重量通常在50 ~ 100克。

防控措施

病发高峰期可在饲料中添加有益微生物，如EM菌或芽孢杆菌等，调节肠道菌群。疾病暴发时可在饵料中添加氟苯尼考、免疫多糖混合投喂，连续投喂5 ~ 6天。

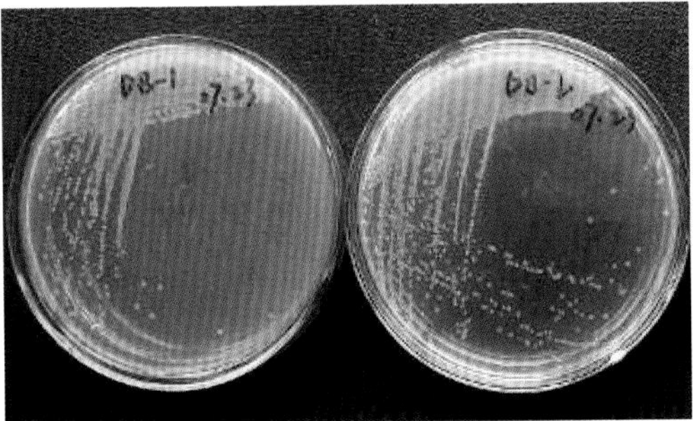

梭子蟹红斑病现场采样及病原分离

第三节 真菌性疾病

1. 酵母菌病

病　因

假丝酵母菌 (*Candida oleophila*)。

症　状

发病初期病蟹活动减弱，摄食能力降低，进而蟹体消瘦，肌肉萎缩乳化，并出现大量死亡。横切病蟹步足，在断口处有乳白色的液体流出；打开蟹盖，盖内可见大量乳白色液体；从乳白色液体内能镜检出全视野单一形态的酵母菌。

流行情况

该病是近年梭子蟹暂养过程中危害极大的一种暴发性流行病。通常发生在9月至翌年2月，发病率最高可达到60%以上，病蟹死亡率可达100%。目前主要发生在沙池暂养梭子蟹，在围塘养殖过程中尚未发现。

防控措施

预防：①保持暂养池水质清新，定期清除残饵，以免污染池底。②发现患病个体及时清除并销毁。治疗：①全池泼洒制霉菌素一次，用量为每立方米水体60克。②强络碘（有效成分为10%聚维酮碘）全池泼洒一次，用量为每亩200～300毫升（按水深1米计算）。

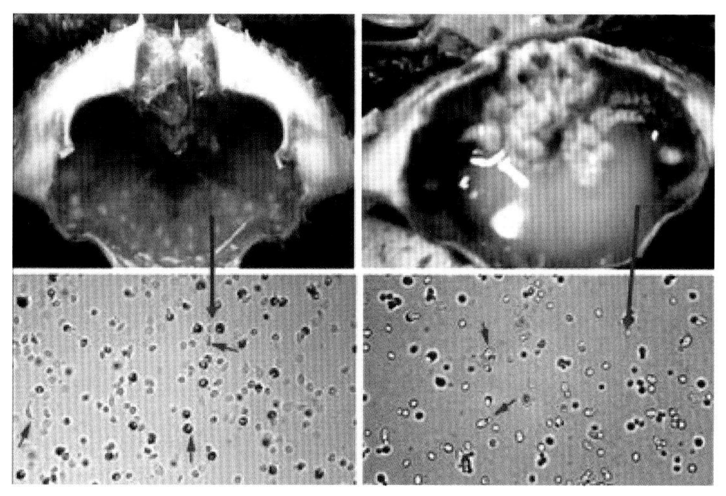

健康三疣梭子蟹（左）和患酵母菌病的血淋巴细胞（右）

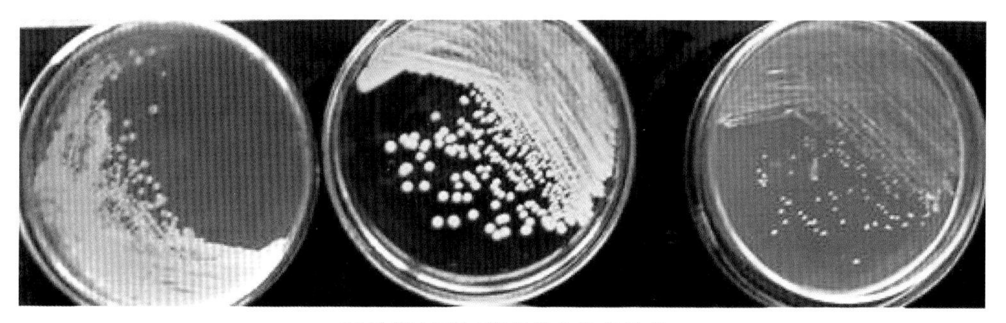

酵母菌在不同培养基上生长性状
孟加拉红（左）、TCBS（中）、营养琼脂

三疣梭子蟹感染假丝酵母菌后血淋巴变牛奶状，与血卵涡鞭虫病症状极为相似

第四节　病毒病

1. 白斑病毒病

病　因

对虾白斑病毒 (White spot syndrome virus, WSSV)，为杆状病毒。

症　状

梭子蟹感染病毒后外观无明显异常，但活力和摄食强度降低，并开始出现零星死亡，病情严重时死亡率较高。经电镜观察，可在感染的蟹肝胰腺、心脏、鳃部发现病毒粒子。

流行情况

该病主要发生在虾蟹混养塘。流行于 7—9 月。对虾感染白斑病毒后陆续出现死亡，同池养殖的梭子蟹因摄食病死虾而发生感染。

防控措施

养殖蟹类的病毒性疾病尚无有效的治疗药物，以预防为主。预防：①池塘需清淤整塘；确认虾苗不携带白斑病毒。②养殖期间每隔 15 天使用消毒药物消毒，在养殖对虾饵料中添加免疫增强剂增强对虾抗病能力。治疗：①全池泼洒 10% 聚维酮碘溶液一次，用量为每亩水体 300 ~ 500 毫升（按水深 1 米计算），隔天再使用一次，注意开启增氧设备或使用增氧药物。②全池泼洒净水宝（微生态制剂）一次，用量为每立方米水体 0.75 克。

2. 清水病（呼肠孤病毒病）

病　　因

青蟹呼肠孤病毒 (*Scylla serrata reovrirus, SSRV*)。

症　　状

感染该病毒后，蟹体表无明显异常，但摄食量急剧减少，体内血淋巴液由正常蓝青色变清水状，不能凝固，发病后体弱、食欲下降或停止摄食、行动迟缓、螯足无力，严重者往往爬到塘堤或滩涂面上就死亡，背甲变白、鳃丝干燥。发病迅速、致死率高，有些养殖塘和暂养塘青蟹感染后，死亡率接近 100%。电镜检测可在肝胰腺等组织观察到呼肠孤病毒。

流行情况

该病主要发生于青蟹，梭子蟹也有感染的病例。该病发病季节长，可发生于 4－11 月，感染幼苗 (40 ～ 60 只 / 千克)、商品蟹、交配后的雌蟹、越冬蟹等各龄青蟹。

防控措施

同白斑病毒的防控方法。

青蟹感染该病毒后血淋巴液呈清水状

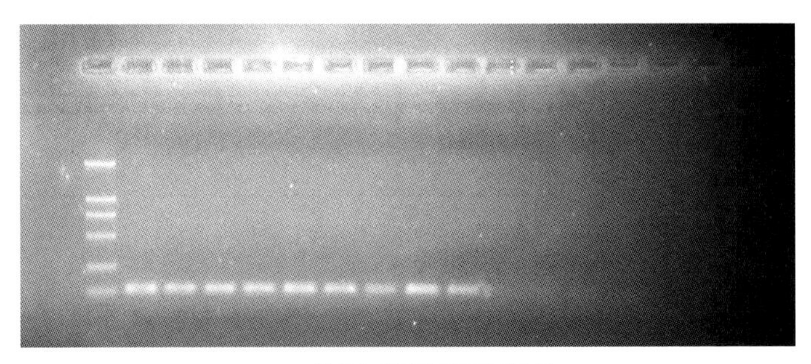

PCR 检测呼肠孤病毒阳性

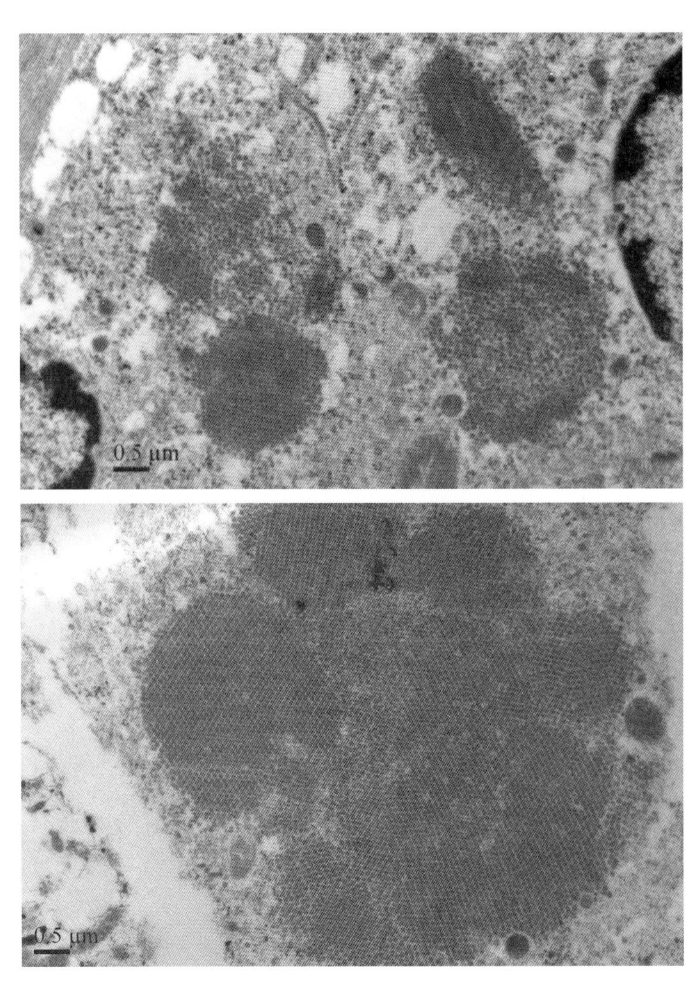

患病青蟹的肝胰腺电镜下可见大量病毒颗粒

第五节 其他疾病

1. 蜕壳不遂症

病 因

蜕壳不遂症是一种综合表现症状，可能由以下原因引起：①缺乏蜕壳必需的钙质、甲壳素、蜕壳素。②缺氧，梭子蟹蜕壳时，呼吸频率加快，在低氧情况下，蜕壳时间会延长，甚至蜕壳不遂而死亡。③蟹营养不良，体质较差，也会导致蜕壳失败。④感染疾病，例如大量感染纤毛虫等，也会造成无法正常蜕壳。

症 状

梭子蟹头胸甲部与腹部交界处已经出现裂口，或者蟹体已经脱离旧壳一部分，但是没有成功蜕壳，导致蟹死亡。养殖后期的成蟹易发生此病症，严重影响养殖产量。

防控措施

①养殖过程中，尤其是养殖中后期，加大换水量，有极端天气来临应及时加水，并开增氧机，保持水质清新，溶氧充足。②保持饵料充足供应，每隔15～20天在饲料中添加营养强化剂和蜕壳素等，保证蟹的体质健康。③如发现因患疾病造成蜕壳困难，根据外观症状，及时对症用药治疗。

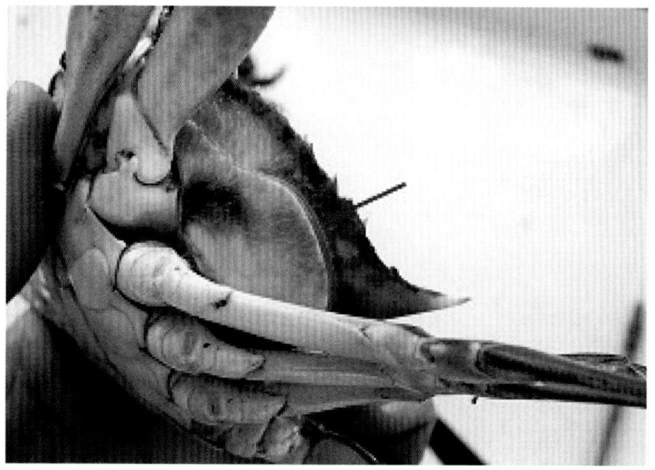

三疣梭子蟹蜕壳未遂（箭头示蜕壳裂纹）

2. 青蟹支原体病

病　因

支原体。

症　状

与青蟹“清水病”症状类似，在患“清水病”青蟹鳃组织中除了可观察到大量病毒颗粒外，还在鳃和肠道上皮细胞质中发现大量支原体样微生物，形状大小不一、丝状分枝形，大小为 (1.8 ~ 2.0) 微米 ×(0.1 ~ 0.5) 微米。

流行情况

同青蟹“清水病”。

防控措施

同青蟹“清水病”。

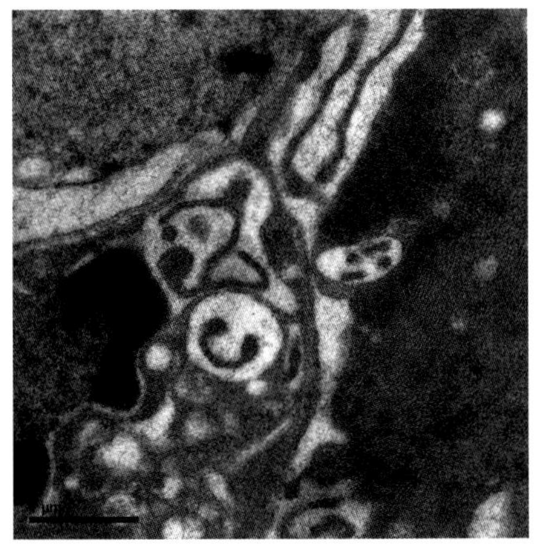
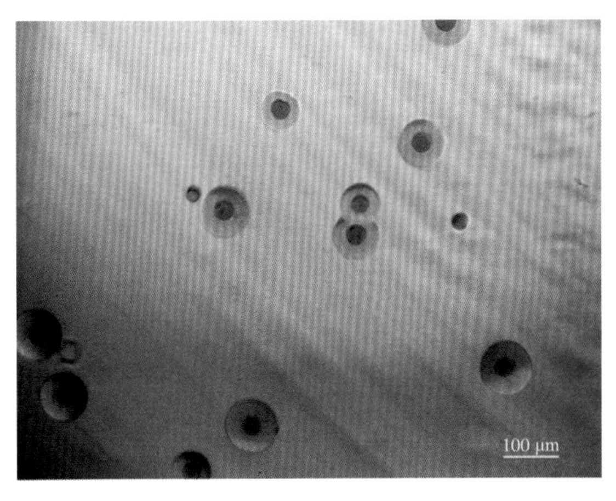

青蟹鳃组织中支原体样结构，以及支原体煎蛋样菌落（引自钱冬）

3. 其他非病原生物引起的死亡

病　因

① 机械损伤：一般在蟹种放养后 3 ～ 7 天内为死亡高峰期，死亡率为 10% ～ 30%，高的可达 50% 左右。死亡主要是由于捕捞、运输、收购、放养蟹种时机械损伤引起。② 缺氧：多发生于高温季节的凌晨、后半夜或长期阴雨后。③ 冻死：冬季冷空气突然降临，在短时间内水温发生剧变导致梭子蟹死亡。④ 水肿：多发生于暴雨过后，水体盐度发生较大变化，造成体内外渗透压差距过大，发生肌肉水肿，导致死亡。⑤ 相互残杀：梭子蟹性格凶残好斗，养殖蟹规格不一，缺少隐蔽物时，常会相互残杀，另外在蟹脱壳或交配时极易受到同类袭击造成伤亡。

舟山市普陀区梭子蟹养殖塘遭遇寒潮，造成大量梭子蟹冻死

第三章 南美白对虾常见疾病

第一节 病毒病

1. 白斑综合征

病 因

病原为白斑综合征病毒(White spot syndrome virus，WSSV)，双链DNA病毒，具囊膜，不形成包涵体。

症 状

患病初期，病虾摄食减少或停止，行动迟缓，漫游于水面或在水面转圈。发病后期的典型症状为甲壳内侧出现白斑，特别是头胸甲白斑最明显，肉眼可见。白斑的数量和大小依病情而有所不同。头胸甲易剥离，病虾体色往往轻度变红，肝胰腺呈淡黄色或灰白色。

流行情况

流行于我国沿海及东南亚各国，水温18℃以下为隐性感染，水温20～26℃的5—7月为急性暴发期，通常在几天内便可大量死亡。若水质环境稳定、营养全面则在1个月内出现慢性死亡。环境条件变化影响很大，寒冷低温、夏季暴雨、台风暴雨、藻类死亡水变清、池底恶化均可诱发本病暴发。如果种苗携带病毒则极易导致该病发生。除中国对虾以外，此病也可感染日本对虾、南美白对虾、斑节对虾、长毛对虾等，同池混养的梭子蟹也可感染该病。

防控措施

选择健康亲虾，做好水体消毒，合理控制放养密度，进行规范化饲养管理，对病毒检测阳性的虾体进行无害化处理，以防止传染。疾病发生期间，采用二氧化氯全池泼洒消毒，并在对虾饵料中添加 EM 菌、免疫多糖等提升对虾免疫力。另外使用盐酸小蘗碱等中药拌料投喂有一定的防治效果。

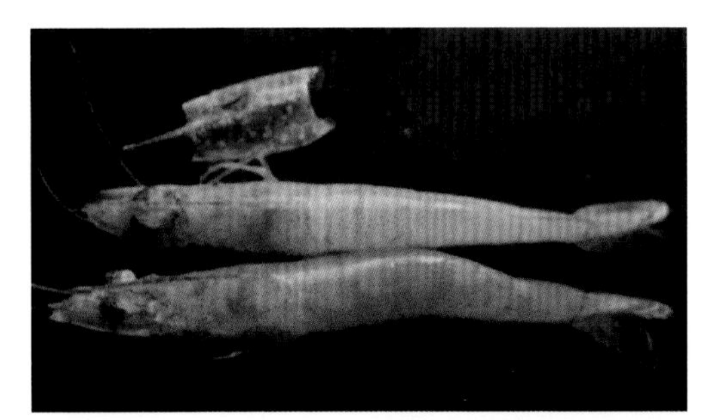

感染该病毒后，虾头胸甲均会出现白斑症状

某池塘养殖南美白对虾感染白斑病毒后全部死亡

2. 传染性皮下及造血组织坏死病

病 因

病原为传染性皮下及造血组织坏死病毒 (Infectious and hematopoietic necrosis virus, IHHNV)。单链线性 DNA 病毒，无囊膜，二十面体，病毒粒子大小为 22 纳米，隶属于细小病毒科 (Parvoviridae)，是目前已知最小的对虾病毒。

症 状

南美白对虾感染后，产生典型的慢性症状，病虾摄食少，生长缓慢，大小不整齐，但一般不引起死亡，仅导致虾体停止生长和额剑弯曲或上翘，出现矮小症或侏儒虾即所谓侏儒型综合征。有时在体表、鳃和附肢上的皮下出现许多黑点，不能按时蜕皮，体表和鳃上往往附生固着类纤毛虫、丝状细菌和硅藻等污物。

流行情况

感染该病毒的南美白对虾，有可能终身携带。该病可通过垂直和水平途径进行传播，其中以残食病虾的传染性最高。过高的养殖密度、恶化的养殖水环境等条件均会激发低水平感染 IHHNV 的对虾表现出症状。

防控措施

放养优质不携带病毒的健康虾苗，防止外来病源的侵入，在 IHHNV 高发期提高养殖水体溶解氧含量、减少有害化学因子，采用低盐度养殖等都是行之有效的措施。采用免疫多糖及 EM 菌添加饵料进行投喂，也可有效降低该病发生率。

患病虾生长缓慢，额角畸形（引自江育林等）

3. 桃拉综合征

病　　因

病原为桃拉病毒 (Taura Syndrome Virus, TSV)，单链 RNA，球状，直径 31 ～ 32 纳米。

症　　状

患病虾体绝大部分变为红色，虾尾部特别是尾扇顶端变成茶红色或灰红色，病虾壳软，胃肠空虚无食物，肝胰腺体肿大，颜色变淡而且有糜烂现象。病虾摄食减少或不摄食，在水面缓慢游动，随着病情加重，病虾数量增加，塘边开始出现少量死虾。未死病虾在离水后不久便死亡。

流行情况

主要感染南美白对虾，发病一般出现在养殖后的 30 ～ 60 天。该病的发生与水环境的变化密切相关，底质老化、氨氮及亚硝酸氮过高，透明度在 30 厘米以下，在气温剧变后 1 ～ 2 天，尤其是水温在 28℃以上时，易发此病。病虾大部分死于蜕壳期，幼虾急性死亡，成虾慢性死亡。浙江省近年来基本未检测到该病毒的感染病例。

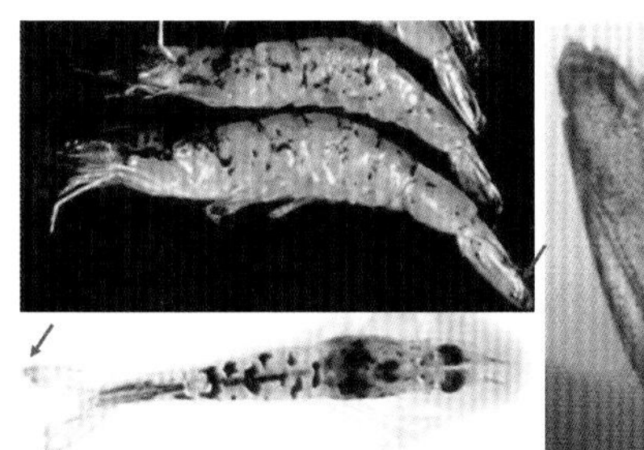

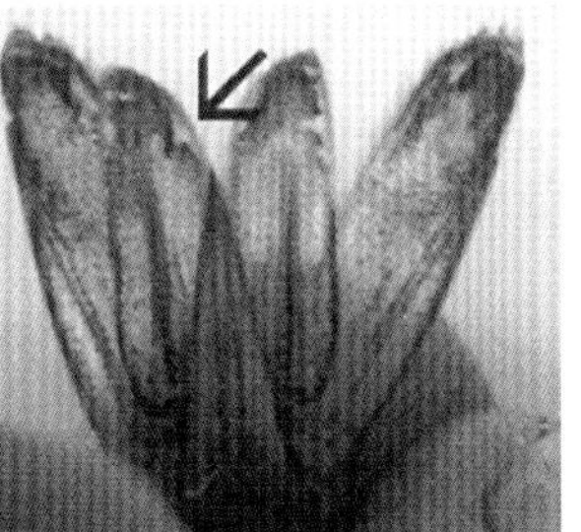

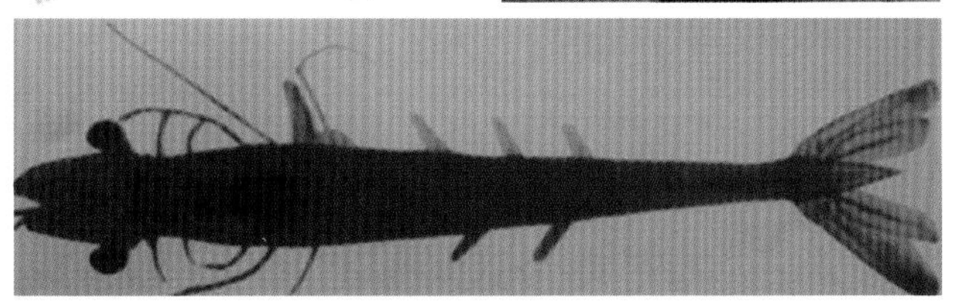

南美白对虾感染桃拉病毒（引自江育林等）

防控措施

同白斑病毒病。

4. 传染性肌肉坏死病

病　　因

病原为传染性肌肉坏死病毒 (Infectious Myonecrosis Virus, IMNV)，是一种双链 RNA 病毒，呈二十面体，直径在 40 纳米左右。

症　　状

感染传染性肌肉坏死病毒（IMNV）病虾的最明显外观症状是“肌肉白浊”，即相对于体色透明的健康虾，感染 IMNV 的病虾腹部第六节肌肉处及尾扇会明显出现白化的病征，并逐步发展到整个腹部。

流行情况

该病易发生于养殖前中期 30 ~ 50 日龄虾，伴随虾群体脱壳高峰期时发生死亡。疾病高发期水温 25 ~ 30℃ ，高温期 (水温≥ 32℃) 较少发病，可通过水平和垂直两种途径进行传播。

防控措施

加强对亲虾、受精卵或无节幼体进行检疫筛查，建立无传染性肌肉坏死病繁育体系。其他防控措施同白斑病毒病防控措施。

患病虾肌肉白浊

第二节 细菌性疾病

1. 对虾早期死亡综合症 / 急性肝胰腺坏死综合症 (EMS/AHPNS)

病　因

携带特殊毒力基因 PirVP 的副溶血性弧菌 (*Vibrio parahaemolyticus*)、坎贝氏弧菌 (*Vibrio campbelli*)、欧文斯氏弧菌 (*Vibrio owensii*)、哈维氏弧菌 (*Vibrio harveyi*) 等。

症　状

主要症状表现为患病虾离群独游，趴于塘边，虾体色变为黄色或略微变红，基本停止摄食，胃肠空，肝胰腺萎缩、颜色变淡、变黄或变白、变软，肝胰腺出现黑点（带），虾体色素点增多。

流行情况

对虾早期死亡综合症一般爆发于投苗后的 45 天内，而急性肝胰腺坏死综合症则会危害各个养殖期的对虾，对虾在 3 ～ 5 天内死亡率最高可达 100%。

防控措施

以预防为主。对虾苗种经过严格检疫，杜绝苗种携带病原；养殖用水预先使用每立方米 60 ～ 80 克的漂白粉消毒，养殖过程中使用 EM 菌、芽孢杆菌、光合细菌等微生物制剂调节水质。对虾饵料中添加免疫多糖、EM 菌等增强对虾抵抗力、调节肠道菌群。一旦发现疾病发生，全池使用每立方米 6 ～ 8 克漂白粉进行消毒，及时停止投喂或减半投喂，养殖人员和工具做好消毒和隔离工作，防止病原进一步传播。

发病对虾趴于塘边，体色变红，肝胰腺组织萎缩，空胃空肠

患病南美白对虾肝胰腺发黄，胃部变红

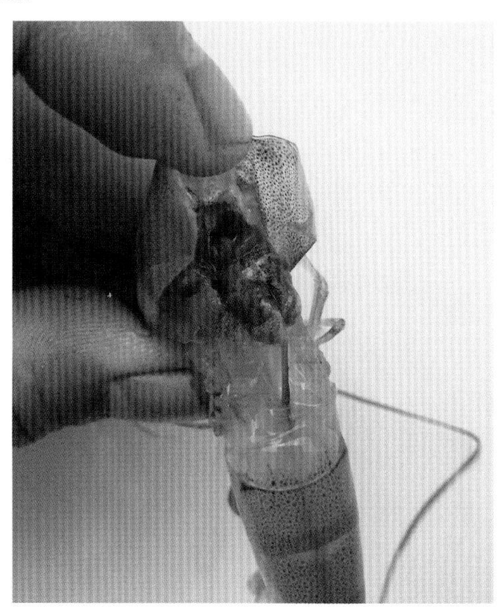

患病南美白对虾肝胰腺萎缩、易碎

2. 细菌性红体病

病　　因

病因为副溶血弧菌 (*Vibrio Parahemolyticus*)，当进入高温多雨季节，水体藻相、菌相变化剧烈，易引起弧菌的大量繁殖，导致对虾发病。

症　　状

病虾独自在塘边游荡，对外界反应迟钝，摄食减少甚至停止摄食；附肢变红，特别是游泳足，鳃区呈黄色或浅红色，尾扇浅红而后深红，步足红点渐多；甲壳变硬，体表无黑斑；肝胰脏肿大，肠胃空。

流行情况

红腿病多发生在养殖中后期和高温季节，发病高峰期 7—9 月，全国沿海对虾养殖区均有发生，常呈急性，发病率和死亡率都很高，死亡率最高达 90%以上。

防控措施

合理调节放养密度，高温季节控制投饵量，减少残饵，并在饵料中添加维生素 C 和免疫多糖以增强对虾的免疫抵抗力；定期进行水体消毒后，投放微生态制剂和底质改良剂改善水质和底质；一旦疾病发生，可使用相应的抗菌药物进行杀灭。

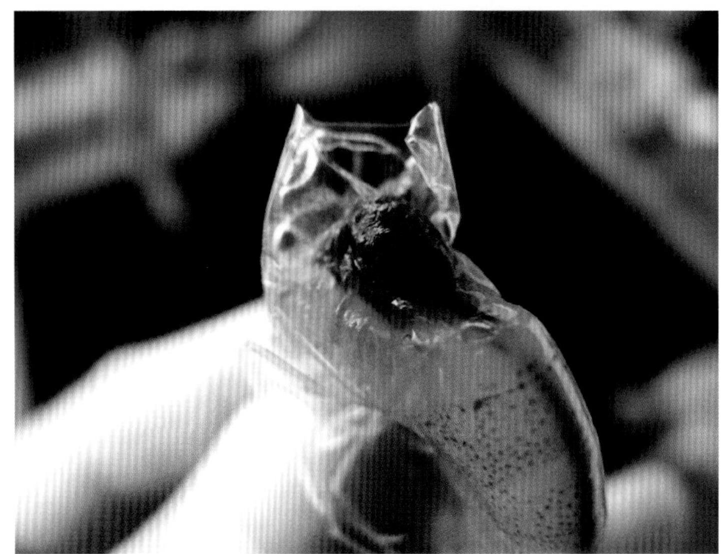

患病虾肝胰腺发红，体色偏红，色素点增多

3. 黑鳃病

病　　因

该病的病因较多，弧菌、丝状细菌均可引起对虾黑鳃病，另外镰刀菌、缘毛类纤毛虫（聚缩虫、累枝虫、钟形虫），水质不良，污物附着等也会导致对虾黑鳃病的发生。

症　　状

病虾在水面慢游，尤其在傍晚及早晨日出之前多见；病虾不吃食，肠道空虚，外观鳃部发黑；增氧机周围的池底有死虾。解剖病虾，鳃部发黑，胃、肠空虚；镜检鳃片，发黑、肿胀及溃烂。

流行情况

黑鳃病是养殖对虾的主要病害之一，在全国各养虾地区都很流行，发病率甚高。疾病多发生在7—9月的高温季节，可延续至10月上旬，在越冬虾中也常发现。

防控措施

合理调节放养密度，科学投饵，改善养殖环境，适量换水，并施用微生态制剂；消毒养殖池水，使用氯制剂和碘制剂等消毒剂杀灭病原菌。

第三节　寄生虫病

1. 肝肠胞虫病

病　因

病原为肝肠胞虫 (*Enterocytozoon hepatopenaei*, EHP)。属于微孢子虫类，大小仅 1 ～ 2 微米，主要寄生于对虾的肝胰腺细胞内。该寄生虫与可引起对虾肌肉白浊的微孢子虫病病原八孢虫 (*Thelohania*)、匹里虫 (*Pleistophora*)、微粒子虫 (*Nosema*) 不属于同一种。

症　状

感染该寄生虫后，一般不会引起对虾死亡，对虾可正常摄食，肝胰腺萎缩变软，偶发白便，导致对虾生长缓慢，严重影响对虾产量。

流行情况

该病原最早于 2009 年在泰国生长缓慢的斑节对虾中检出，近年来在我国南美白对虾养殖区域大面积流行，几乎全年都有检出，但以 7－11 月养殖高峰期的传播最为普遍。该寄生虫可通过种苗携带垂直传播和被肝肠胞虫污染的养殖池进行水平传播。

防控措施

育苗前用 2.5%氢氧化钠溶液对所有育种工具进行消毒处理，保证虾苗为无特定病原 (SPF) 的苗种；已发生过感染的养殖池塘塘底需用大剂量生石灰充分消毒（每 667 平方米使用 400 千克左右）；放苗前对虾苗进行 PCR 检测，确保不携带有肝肠胞虫病原；饲料投喂方面要尽量避免投喂鲜活饵料（如丰年虫）；已放苗但检测到病原的，可适当降低养殖密度。

同池养殖正常生长虾（上）与生长缓慢虾（下）对比

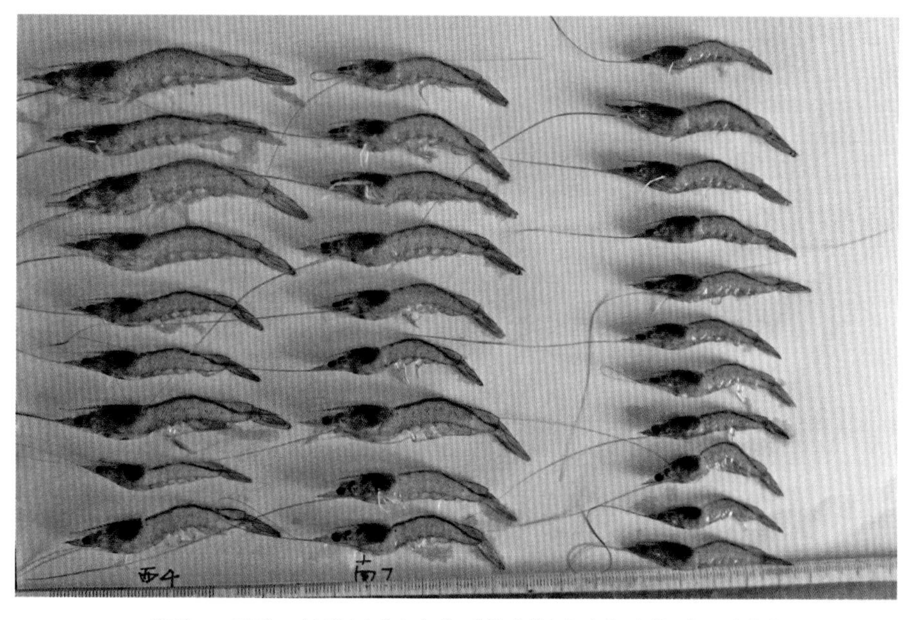

养殖 33 天后，健康虾（左）与感染肝肠胞虫虾生长对比（右）

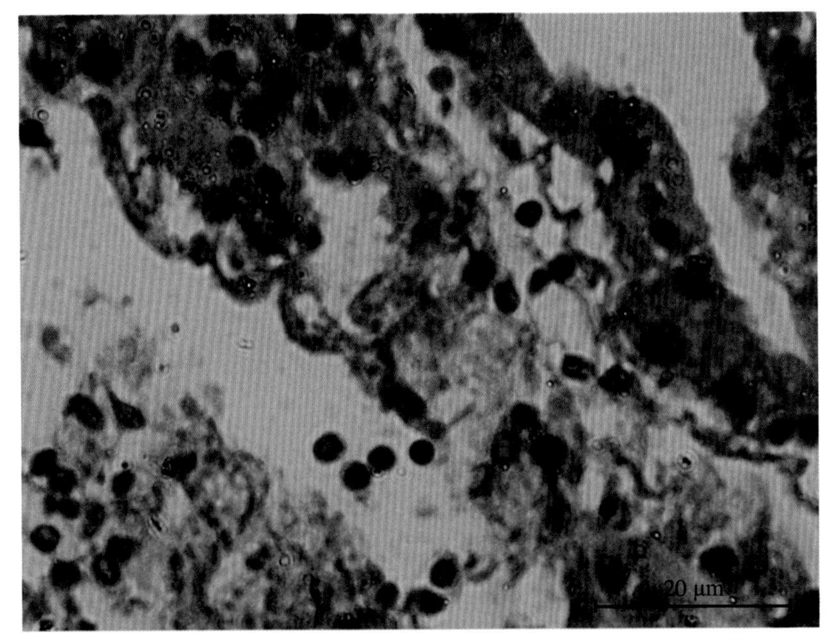

感染肝肠胞虫的对虾肝胰腺组织病理切片，可见染色较深的虫体

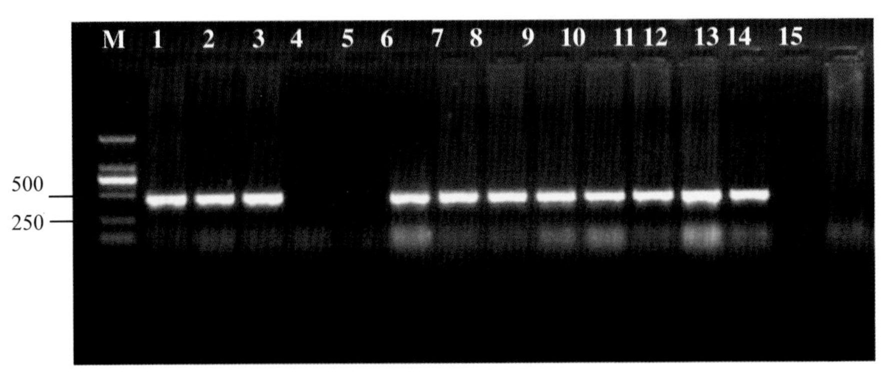

对虾肝肠胞虫 PCR 检测结果 M. DL2000 分子量标准

1 ~ 13. 对虾样本；14. 肝肠胞虫阳性对照；15. 肝肠胞虫阴性对照

附 录

附录1 海水养殖疾病发生的原因

1. 养殖生态环境污染

养殖环境水质状况的好坏是决定养殖成功与否的先决条件。根据我们的水质调查（包括水温、盐度、pH、溶解氧、氨氮、重金属、油类、细菌总数等水质理化因子以及其他一些天然的或人为的污染物质等）情况，目前海区，特别是港湾的水质污染情况相当严重。浙江海区嵊泗、大陈等外侧海区以外，大部分在Ⅳ类或劣Ⅳ类以上水质，严格来说不适宜养殖。养殖生态环境污染严重，是导致疾病多发的重要因素。

污染来源：外源污然、工业污染、生活污染。工业废水(临港工业)、生活废水大量排入(缺少污水处理)。内源污然(养殖自身污染)：主要是投入品的污染，包括饵料、药物等，一方面超容量养殖，投喂的是鲜活饵料，残饵，排泄物大量沉积，造成整个养殖海区污染，富营养化严重；另一方面药物滥用、乱用，使养殖对象正常生长系统受到干扰，免疫力下降，病原体抗药性增强，同时也导致海区生态系统的破坏，如吃食不达正常量，过多使用生石灰、硫酸铜使浮游生物量降低，氮、磷比例失调，卤素类消毒剂产生的三卤甲烷和卤乙酸，这些不当做法被证实与肿瘤发生有关系。

2. 养殖对象自身抗病力因素

疾病的发生，许多情况下与养殖对象自身的抵抗力有关。这种抗病力，是疾病发生的内在因素，其与鱼种的种质质量、个体的种类和年龄、养殖群体的易感性和抗病力等关系密切。目前不少品种存在种质退化现象，如养殖大黄鱼、南美白对虾等，由于全人工育苗，累代近亲交配，已出现个体小型化、性早熟、种群结构低龄化、产卵量下降、抗病力减弱等严重退化现象；越冬后的鱼类容易生病，这与整个越冬期停喂饵料，鱼体体质下降，免疫力、抗病力变差有很大关系；在环境条件恶化的情况下，如养殖对象长期处于缺氧或低氧环境中，其免疫功能随之下降，抗病力降低，导致疾病的发生。

3. 生物病原体侵入

通常所说的病原体是指病毒、细菌、真菌等微生物和各类寄生虫。只有当病原体具有一定的致病力或毒力，且在环境和鱼体上达到一定数量时，才可能发病。

疾病的爆发，一方面是外来苗种未经过严格检疫，导致病原带入；另一方面是由于超容量养殖，海区富营养化严重，病原体有了良好的培养基，特别是夏季高温、台风季节等，可能导致病原生物大量繁殖，暴发疾病。

4. 养殖管理水平低（包括苗种、饵料、水质管理等）与防病意识不强

① 苗种检疫：由于缺乏完善的检疫制度和方法，导致疫病带入。

② 放养密度：应根据养殖品种、规格、网箱养殖条件等来决定。密度过高往往易诱发疾病（特别是在中央网箱，往往由于局部水交换差，首先诱发疾病）。

③ 饲料与营养：饵料数量或营养质量不能满足生长需要时，会出现生长缓慢、抗病力降低，严重时会发病甚至死亡，如常见的肠炎病及其他营养性疾病等。

④ 机械损伤：在捕捞、运输和饲养管理过程中，往往由于工具不适宜、操作不小心或由于海区水流过急、网衣漂移、台风等引起鱼类摩擦、碰撞而导致机械损伤。受伤个体，严重的可直接致死，也可能会因为体质下降或伤口继发性感染，导致病害发生。目前网箱养殖当中的很大一部分病害与机械损伤后继发各类疾病有关。

⑤ 养殖从业人员的科学管理水平以及环境保护意识有待提高，乱扔病死鱼现象普遍存在。

附录2　海水养殖动物疾病的诊断

正确的诊断是治病的关键，只有找出发病的主要原因，进一步对症下药，采取有效的防治对策，才能控制疾病的发生与蔓延。要对疾病作出正确的诊断，必须从养殖环境、养殖管理、发病对象、病原等方面进行综合考虑。

1. 养殖环境调查

包括温度、盐度、溶解氧、酸碱度、氨氮、硫化氢等理化因子以及是否有天然或人为的污染物质等，对养殖环境的水质、底质条件进行调查。

2. 养殖管理调查

包括清塘情况、种苗来源、放养密度、饲料投喂、残饵情况、水体交换、捕捞、搬运及日常饲养管理中的操作等，同时了解以往的病历和防治措施，以作为诊断和治疗的参考。

3. 发病对象调查

观察生病池塘中养殖动物的活动情况，依据游动和摄食等有无异常情况，日死亡率、积累死亡率，病疾发生为急性、恶急性或慢性等方面来综合判断。

4. 病样取样方法

供检查和诊断的病样必须是生病后濒死的个体或死后时间很短，体表和组织尚新鲜的个体。对有些不能立即确诊的疾病，可用适当的固定剂和保存剂，将病样的整个部分，或一部分器官组织，或取下其病原体，固定和保存后做进一步鉴定和诊断。

5. 病因的检测与诊断

（1）外观症状诊断

不少疾病具有明显的症状反应，可以初步通过对患病个体外表或内脏器官的病变观察初步判断属于哪一种疾病。例如，发现鱼类的体表和鳍有许多乳头状凸起，可基本诊断为淋巴囊肿病；对虾甲壳特别是头胸甲出现白斑、甲壳易剥离不与肌肉粘连、空胃，则可初步断定为白斑综合征病毒病；鱼类体表溃疡和烂尾则可能是弧菌病；肠道充血发红、腹部积水、肠内无食物且内含淡黄色黏液，则可能为肠炎病等；体表白点可初诊为寄生虫病。症状检查时要注意观察体表(包括鳃)的颜色有无变化，有无炎症、充血、出血、贫血、肿胀、溃疡等病理变化，有无异物附着，以及生病个体生长情况和肥瘦程度。

（2）显微镜观察

通过光学显微镜直接镜检，从病原的形态特征上，一般都可以很快诊断出大部分由真菌或寄生虫引起的疾病，但对病毒以及细菌性疾病，单纯靠光学显微镜，对其病原的鉴定比较困难。病毒粒子无法看到，对有些病毒病可以通过 HE 等特殊染色方法，观察患病个体的组织病理变化和是否有包涵体的形成，可以初步诊断病毒病，例如患病毒病对虾，利用染色技术，在普通光学显微镜下可见感染病毒的对虾组织甚至细胞发生病理变化，可观察到包涵体(包涵体在形成早期为轻度嗜碱性，HE 染色呈紫红；而在后期包涵体为嗜酸性，HE 染色呈紫蓝)，从而可以判断是否是病毒病，但确诊多数还有赖于电镜观察。细菌在数量较少时也难以发现，在数量多时，通过直接涂片或染色后镜检，容易发现，但要确诊它是否为病原，需用微生物学方法进行病原菌分离、培养、鉴定和人工感染等一系列试验。

（3）传统微生物方法

对于细菌性疾病的确诊，多数采用传统的微生物诊断方法，即通过对病原菌的分离培养、纯化，进一步通过形态学观察以及生理生化反应特征来鉴定细菌的种类，并通过人工感染试验来诊断分离的细菌是否为病原。

（4）免疫学检测

免疫反应是指抗原（病原）和相应的抗体抗血清在体内或体外均能发生特异性结合的反应。对于某些病毒性或细菌性鱼病的诊断，可以利用抗原和抗体在机体外能够进行特异性结合反应的原理，用已知的抗血清确定机体的病原。免疫学诊断的方法很多，如血清中和试验法、酶联免疫吸附试验、荧光抗体法、酶标抗体法等。目前常用的方法主要是酶联免疫吸附试验即ELISA，其中以间接的ELISA法和双抗体夹心ELISA法更为常用，但目前并非所有的病毒性或细菌性疾病都可以应用ELISA法。

（5）现代分子生物学方法检测

核酸探针、聚合酶链反应(PCR)、随机扩增多态DNA技术(RAPD)等，可用于大多数疾病的诊断。目前用得较多的是PCR技术，其特点是灵敏度极高，且只需几小时便知结果。已有不少病毒病的PCR诊断试剂盒研制成功，并在生产上得到应用。

但由于疾病的发生往往可能是多种原因引起的，比如寄生虫类疾病通常可能伴有继发性细菌性疾病，细菌类疾病也可能是多种细菌同时作用的结果，因此，在诊断生物性病原的同时，必须将养殖环境条件（海况、气候、水质等）、养殖管理情况（包括投饵的质量与数量，放养密度、换网、各种操作等）以及疾病的流行病学等方面同时综合起来进行考虑， 找出发病的主要原因，进一步对症下药，采取有效的防治对策。

附录3　海水养殖疾病的综合防治

疾病的防治必须坚持“以防为主、防治结合”的综合防治原则，从优化养殖环境，控制和消灭病原体，提高养殖动物免疫力和抵抗力等方面着手，积极采取有效措施，通过生态、药物以及免疫防治相结合的方法，控制疾病的发生和蔓延。

1. 加强管理、优化养殖环境

（1）控制放养密度

放养密度应根据种类、规格、养殖条件而定，放养密度过高，极易导致养殖环境变差，引发疾病，造成损失。对于海区，要根据养殖容量，控制网箱数量，实施套养、轮养与休养。

（2）科学管理水质

通过对水质各参数的监测，了解其发生的各种变化，及时调节和纠正那些不利于养殖动物生长和影响其免疫力的种种因素，保持良好的水质环境。

（3）合理投喂饵料

饵料应质优量适，营养结构合理、成分全面，禁投腐败变质和加抗腐剂的饵料，减少因营养平衡失调而引发的各类营养性疾病。投饵量要根据养殖对象的生长阶段和季节气候变化进行调节，做到定质、定量与定时。

（4）适当使用水质改良剂

主要根据情况适时适量使用水质改良剂，一般可在养殖的中、后期，每月使用1～2次，用于改善和优化养殖池塘底质、水质环境。常用的水质改良剂有生石灰、沸石粉、过氧化钙、有益菌等。

（5）积极推广底部增氧

除了使用传统水车式、叶轮式增氧机外，在养殖池塘底部铺设钻孔的PVC管道或纳米曝气管进行底部增氧。

2. 控制和消灭病原体，切断传播途径

（1）做好消毒措施

包括池塘清淤消毒、苗种消毒、操作工具消毒、饲料消毒以及食场消毒等，

以控制病原的带入与蔓延，切断传播途径。

（2）加强防疫检疫

开展水产苗种、亲本和水产品流通前的产地检疫，减少传播风险。对引种中可能给生产造成危害的重大疾病、常见多发性疾病实行监测，重点对苗种场、良种场生产的亲本、苗种进行监测，从源头上杜绝病原的传播。同时要建立健全生产档案记录制度。

（3）合理开展药物防治

对病毒病尚无有效的治疗方法。但对于多数细菌性疾病及部分寄生虫病，如果发现及时，在发病初期，能通过改善环境和合理的药物防治加以控制。细菌性疾病的药物防治，通常采用消毒剂水体消毒，结合口服抗菌药物进行控制。常用的消毒剂有二氧化氯、溴氯海因、三氯异氰尿酸钠、漂白粉、生石灰等， 常用的抗菌素有氟苯尼考、复方新诺明、土霉素等。但在药物防治过程当中，必须有针对性地选择高效、低毒、低残留的药物，并用足剂量和疗程，避免滥用药物造成环境的污染和病原菌的抗药性。

（4）加强疾病的监测，建立病原隔离制度

对主要疾病的发生情况进行全程监测，搞清各类疾病的病原、病因、流行情况、危害程度，以便及时采取相应的控制措施，防止病原的传播与扩散。对危害严重的暴发性疾病，应采取严格的隔离措施，发病死亡后的尸体应做消毒深埋或销毁处理，以免进一步传染。

3. 提高养殖种群的免疫力和抵抗力

（1）培育和放养健壮苗种

筛选、培育和推广抗病、抗逆新品种，如无特殊病原 (SPF) 种苗等。选择体质健壮、无伤病、规格较大的种苗，并经检疫消毒后才能放养。放养健壮和不带病原的苗种是养殖生产成功的基础。

（2）投喂优质饲料

必须投喂营养结构合理、成分全面的优良人工饲料，以满足养殖群体大量和全面的营养物质需求，增强养殖对象自身的体质和抗病能力，加强饲料的营养研究。

（3）降低应激反应

在水产养殖系统中，由于环境突变、污染以及人为的各种操作等原因，引起养殖动物的应激反应。通常养殖动物在比较缓和的应激原作用下，可通过调节机体的代谢和生理机能而逐步适应。但如果应激过于强烈，或持续的时间较长，往往使机体抵抗力下降而易受病原体的感染，可通过减少应激因子和使用抗应激药物（如维生素 C，维生素 E，不饱和脂肪酸、磷脂、肽聚糖等）降低应激反应。

（4）生物、免疫制剂

生物制剂（包括中草药制剂、有益微生物以及某些有抗菌杀菌作用的分子制品如抗菌肽等）和免疫制剂（包括疫苗、免疫激活剂）的应用。疫苗的使用是海水养殖病害防控的趋势之一，与国外养殖发达国家相比，我国在这方面还存在很大差距，特别是在海水动物疫苗上至今尚缺少效果较为理想的商业化产品，必须加强这方面的研究、开发和推广应用。

附录4　禁用渔药清单

序号	药物名称	别名	来源	序号	药物名称	别名	来源
1	氯霉素及其盐、酯（包括：琥珀氯霉素）		农业部235公告	15	催眠、镇静类：安眠酮及制剂		农业部193号公告
2	克伦特罗及其盐、酯		农业部235公告	16	林丹	丙体六六六	农业部193号公告
3	沙丁胺醇Ⅰ及其盐、酯		农业部235公告	17	毒杀芬	氯化烯	农业部193号公告
4	西马特罗及其盐、酯		农业部235公告	18	呋喃丹	克百威	农业部193号公告
5	己烯雌酚及其盐、酯	己烯雌酚	农业部235公告	19	杀虫脒	克死螨	农业部193号公告
6	洛硝达唑		农业部235公告	20	双甲脒	二甲苯胺脒	农业部193号公告
7	群勃龙		农业部235公告	21	酒石酸锑钾		农业部193号公告
8	喹乙醇		NY5070–2002	22	锥虫胂胺		农业部193号公告
9	具有雌激素样作用的物质：玉米赤霉醇、去甲雄三烯醇酮、醋酸甲孕酮，A cetate及制剂		农业部193号公告	23	孔雀石绿	碱性绿	农业部193号公告
10	氨苯砜及制剂		农业部193号公告	24	五氯酚酸钠		农业部193号公告
11	硝基呋喃类：呋喃唑酮呋喃苯烯酸钠及制剂	痢特灵	农业部193号公告	25	各种汞制剂包括：氯化亚汞（甘汞），硝酸亚汞		农业部193号公告
12	呋喃西林	呋喃新	Y5070–2002	26	性激素类：甲基睾丸酮、丙酸睾酮、苯丙酸诺龙		农业部193号公告
13	呋喃那斯	P–7138	Y5070–2002	27	Phenylpropionata、苯甲酸雌二醇及其盐、酯及制剂		农业部193号公告
14	硝基化合物：硝基酚钠硝呋烯腙及制剂		农业部193号公告	28	催眠、镇静类：氯丙嗪	安定	农业部193号公告

（续 表）

序号	药物名称	别名	来源	序号	药物名称	别名	来源
29	硝基咪唑类：甲硝唑、地美硝唑及其盐、酯及制剂		农业部193号公告	46	苯丙酸诺龙及苯丙酸诺龙注射液		农业部176号公告
30	硫酸沙丁胺醇		农业部176号公告	47	（盐酸）氯丙嗪		农业部176号公告
31	莱克多巴胺		农业部176号公告	48	盐酸异丙嗪		农业部176号公告
32	盐酸多巴胺		农业部176号公告	49	安定	地西泮	农业部176号公告
33	硫酸特布他林		农业部176号公告	50	苯巴比妥		农业部176号公告
34	雌二醇		农业部176号公告	51	苯巴比妥钠		农业部176号公告
35	戊酸雌二醇		农业部176号公告	52	巴比妥		农业部176号公告
36	苯甲酸雌二醇		农业部176号公告	53	异戊巴比妥		农业部176号公告
37	氯烯雌醚		农业部176号公告	54	异戊巴比妥钠		农业部176号公告
38	炔诺醇		农业部176号公告	55	利血平		农业部176号公告
39	炔诺醚		农业部176号公告	56	艾司唑仑		农业部176号公告
40	醋酸氯地孕酮		农业部176号公告	57	甲丙氨酯		农业部176号公告
41	左炔诺孕酮		农业部176号公告	58	咪达唑仑		农业部176号公告
42	炔诺酮		农业部176号公告	59	硝西泮		农业部176号公告
43	绒毛促性腺激素（绒毛性腺）	绒毛性腺	农业部176号公告	60	奥沙西泮		农业部176号公告
44	促卵泡生长激素（尿促性腺主要含卵泡刺激FSHT和黄体生成素LH）		农业部176号公告	61	匹莫林		农业部176号公告
45	碘化酪蛋白		农业部176号公告	62	三唑仑		农业部176号公告

（续 表）

序号	药品名称	别名	来源	序号	药品名称	别名	来源
63	唑吡旦		农业部176号公告	78	阿伏帕星	阿伏霉素	NY5070–2002
64	其他国家管制的精神药品		农业部176号公告	79	速大肥	苯硫哒唑氨甲基甲酯	NY5070–2002
65	抗生素滤渣		农业部176号公告	80	甲基睾丸酮		NY5070–2002
66	地虫硫磷	大风雷	NY5070–2002	81	洛美沙星、培氟沙星、氧氟沙星、诺氟沙星4种原料药的各种盐、脂及其各种制剂		农业部2292号公告
67	六六六	BHC (HCH)	NY5070–2002	82	苯乙醇胺A		农业部1519号公告
68	毒杀芬		NY5070–2002	83	班布特罗		农业部1519号公告
69	滴滴涕DDT		NY5070–2002	84	盐酸齐帕特罗		农业部1519号公告
70	氟氯氰菊酯	百树菊酯、百树得	NY5070–2002	85	盐酸氯丙那林		农业部1519号公告
71	氟氯戊菊酯	保好江乌、氟氰菊酯	NY5070–2002	86	马布特罗		农业部1519号公告
72	磺胺噻唑	消治龙	NY5070–2002	87	西布特罗		农业部1519号公告
73	磺胺脒	磺胺胍	NY5070–2002	88	溴布特罗		农业部1519号公告
74	红霉素		NY5070–2002	89	酒石酸阿福特罗		农业部1519号公告
75	杆菌肽锌	枯草菌肽	NY5070–2002	90	富马酸福莫特罗		农业部1519号公告
76	泰乐菌素		NY5070–2002	91	盐酸可乐定		农业部1519号公告
77	环丙沙星	环丙氟哌酸	NY5070–2002	92	盐酸赛庚啶		农业部1519号公告

其他：兽药管理条例、水产养殖质量安全管理规定：

（1）使用药物的养殖水产品在休药期内不得用于人类食品消费。

（2）禁止使用假、劣兽药。

（3）原料药不得直接用于水产养殖。禁止将原料药直接添加到饲料或者直接饲喂动物。经批准可以在饲料中添加的兽药，应当由兽药生产企业制成药物饲料添加剂后方可添加。

（4）禁止在饲料中添加激素类药品。

（5）不得在饲料中长期添加抗菌药物。

（6）严禁直接向养殖水域泼洒抗菌素。

（7）禁止将人用药品用于动物。严禁将新近开发的人用新药作为渔药的主要或次要成分。

（8）水产养殖单位和个人应当按照水产养殖用药使用说明书的要求或在水生生物病害防治员的指导下科学用药。

（9）病害发生时应对症用药，防止滥用渔药与盲目增大用药量或增加用药次数、延长用药时间。

参考文献

孟庆显 . 海水养殖动物病害学 . 北京：中国农业出版社 , 1996.

农业部《新编渔药手册》编撰委员会 . 新编渔药手册 . 北京：中国农业出版社 , 2005.

黄琪琰 . 水产动物疾病学 . 上海：上海科学技术出版社 , 1993.

俞开康 , 战文斌 , 周丽 . 海水养殖病害诊断与防治手册 . 上海：上海科学技术出版社 , 2000.

致谢

本书的出版得到浙江省海洋水产研究所和浙江省科技厅项目“海水养殖重大疾病监测与防治公共服务”、浙江省海洋与渔业局项目“浙江省海水养殖主导品种疫病监测与防控研究”的大力支持，在此表示衷心感谢，另外象山县海洋与渔业局陈琳高级工程师对本书的完成亦有贡献，特此表示感谢！